雷电与雷击事故调查鉴定

林建民　主编

气象出版社
China Meteorological Press

内容简介

本书在总结多年来基层雷击事故调查与鉴定经验的基础上,从雷电基础理论与雷电危害理论、雷击事故调查鉴定法律依据、我国雷电监测、雷电破坏效应调查鉴定方法、操作过电压产生原因及表现特点、案例分析、雷击事故调查鉴定项目与程序等方面,系统介绍了雷电事故的调查鉴定方法、程序规范和技术规范,可为基层防雷从业人员科学实施雷电事故调查与鉴定提供参考。

图书在版编目(CIP)数据

雷电与雷击事故调查鉴定/林建民主编. —北京:
气象出版社,2014.6
ISBN 978-7-5029-5948-7

Ⅰ.①雷… Ⅱ.①林… Ⅲ.①雷-事故-调查②闪电-事故-调查③雷-事故-伤害鉴定④闪电-事故-伤害鉴定
Ⅳ.①P427.32

中国版本图书馆 CIP 数据核字(2014)第 117153 号

出版发行:气象出版社

地　　址:北京市海淀区中关村南大街 46 号		**邮政编码**:100081	
总 编 室:010-68407112		**发 行 部**:010-68409198	
网　　址:http://www.cmp.cma.gov.cn		**E-mail**:qxcbs@cmp.cma.gov.cn	
责任编辑:姜　昊　张锐锐		**终　　审**:黄润恒	
封面设计:博雅思企划		**责任技编**:吴庭芳	
印　　刷:北京中新伟业印刷有限公司			
开　　本:787 mm×1092 mm　1/16		**印　　张**:11	
字　　数:300 千字			
版　　次:2014 年 6 月第 1 版		**印　　次**:2014 年 6 月第 1 次印刷	
定　　价:48.00 元			

《雷电与雷击事故调查鉴定》
编委会

主　　任：李春虎

副 主 任：孔繁波　　冯桂力　　邰庆国　　许传凯　　林建民

委　　员：(按音序排列)

姜　森　李　莉　刘爱荣　牟　玲　孙传杰

孙　健　王晓东　王孝松　王英海　姚文军

张传庆　张开建　张　鹏　赵学振　郑美琴

周春奕　左迎之

主　　编：林建民

副 主 编：宋佰春　　李炳文　　葛成新　　周茂山　　林丽娜

技术顾问：冯桂力

序

随着我国经济的快速发展,城市建设不断加快,现代化程度进一步提高,集成电路和弱电设备更是得到广泛应用。由于这些设备自身耐冲击电压及耐电磁脉冲的能力较低,导致雷电所造成的损失日趋严重,雷电灾害已被称为"电子时代的一大公害",是最严重的十种自然灾害之一。为理清雷击事故发生的内在原因,界定事故责任,杜绝类似事故的继续发生,科学地开展雷电灾害调查和事故鉴定就显得尤为重要。

目前,我国雷击事故鉴定的理论、方法、规范尚处于探索阶段,雷击事故的调查项目不明确,致灾雷电发生的时间、地点、雷电流强度等因素确定困难,从而使雷击事故鉴定结果的严谨性与科学性受到一定影响。

为提高防雷从业人员的雷击事故调查鉴定能力,科学地调查分析雷击事故,准确地判定事故形成原因与事故性质,山东省气象局将雷击事故调查鉴定方法的研究列入科研项目进行研究。课题组经过两年的艰苦努力,顺利完成了课题研究,并编写了《雷电与雷击事故调查鉴定》一书。

本书的撰写是雷击事故调查鉴定课题研究成果的总结和提炼,并增加了雷电基础理论知识及雷电防护管理的法律依据,使雷击事故鉴定既有理论依据又有法律依据。

本书的编写填补了山东省雷击事故调查鉴定方法的空白,也是我国雷击事故综合调查鉴定方法的有益探索,希望对基层从事雷击事故调查鉴定的工作人员有所帮助。

2013 年 10 月

---

* 李春虎,山东省气象局副局长。

前　言

为提高防雷从业人员的雷击事故调查鉴定能力,科学地调查分析雷击事故,准确地判定事故形成原因与性质,山东省气象局雷击事故调查鉴定研究课题组在山东省气象局的资助下,顺利完成了课题的研究任务,并编写本书。

雷击事故调查与鉴定是一个烦琐而且复杂的过程,以往的调查只是雷电灾害特征的吻合,由于缺乏闪电监测资料,无法确定危害雷电流的强度,调查鉴定结果可靠性不强。为打破该瓶颈,课题组对雷击事故调查鉴定方法作了深入的研究,并在课题研究的基础上增加了雷电基础理论知识、闪电定位系统和雷电监测知识、雷电防护管理的法律依据、过电压的分类及操作过电压的产生原因特点、雷击事故的调查项目与程序等有关内容。

本书的成稿既是各级气象部门的相互支持与合作的写照,也是社会各部门的支持结果。本书的编写得到了山东省气象局、省雷电防护技术中心、临沂市气象局、威海市气象局、济宁市气象局、菏泽市气象局、聊城市气象局、日照市气象局、莒县气象局等各级领导及防雷同仁的大力支持;同时也得到了浙江省临安万利防雷工程有限公司、日照市城建建筑设计院有限公司、海汇集团有限公司、莒县建筑工程质量监督站、山东天安电气有限公司等单位的支持,在此一并表示感谢。

由于雷击事故原因复杂,限于作者水平,难免有疏漏和不妥之处,敬请广大读者批评指正。

编者

2013 年 10 月

目　录

第 1 章　雷电的形成机制

　　20 世纪以来,Elster 和 Geitel 等研究者经过大量的探测、研究与实验,发现了大气中的带电粒子有正负之分,并对大气中带电粒子的来源、分布和运动规律进行了深入的研究。从而揭示了地球电量补给的来源、地面大气电场的电势和电场强度的一般规律。

1.1　晴天大气电场

1.1.1　大气中的电势与电场强度特点

　　英国著名的科学家法拉第最早提出了用电力线来表征静电场,在电场中测量出电位相同的地点,把这些点连接起来便形成了一个曲折的面,这样的一个几何曲面称为等电位面。通过实验可以看出,地球表面大气中存在着等电位面,电力线与等电位面相交处,总是互相垂直,大气中的电场强度方向指向地表面(如图 1.1),等电位面随地面起伏发生弯曲。大气电场的电场强度由地面向上逐渐减小,到 10 km 以上已减小到地表面处的 3%(如图 1.2)(虞昊等,1995)。

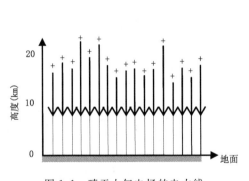

图 1.1　晴天大气电场的电力线

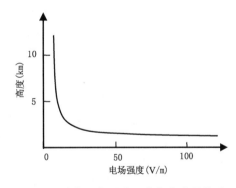

图 1.2　大气电场强度正值与高度的关系

1.1.2　世界各地地面大气电场

　　长期的观察表明,大气电场的电场强度是因地而异、因时而异,但是对某个地区而言,地面平均晴天大气电场强度却是稳定的。表 1.1 为部分地区地面晴天大气电场平均状况,全球平均为 130 V/cm,人口密集的城市较大,小城市和乡村较小(虞昊等,1995)。

表 1.1　部分地区晴天大气电场的平均状况

观测地点	纬度	经度	大气电场（V/cm）	大气电场变化（%）		观测时间
				日较差	年较差	
费尔班克斯（美国）	64.9°N	147.8°W	97	38	30	1932—1933 年
乌普萨拉（瑞典）	59.9°N	15.2°E	70	71	84	1912—1914 年
巴普洛夫斯克（苏联）	59.7°N	30.5°E	171	46	—	20 年
亚琛（德国）	50.8°N	6.1°E	95	61	94	1957—1958 年
巴黎（法国）	48.8°N	2.0°E	175	57	40	1893—1898 年
达沃斯（瑞士）	46.8°N	9.8°E	64	69	106	1908—1910 年
伊宁（中国）	44.0°N	81.3°E	56	129	—	1968 年 8—9 月
东京（日本）	35.7°N	139.8°E	144	100	72	1949—1952 年
台北（中国）	25.0°N	121.5°E	28	130	132	1934—1936 年
广州（中国）	23.1°N	113.3°E	87	110	—	1937 年 2 月 4—5 日

1.2　雷雨云的形成

在气象术语表达中,将产生闪电的云称为积雨云,通俗称为雷雨云。雷雨云的形成主要有两条途径:一是局地形成的热雷雨云;二是锋面过境形成的锋面雷雨云。

1.2.1　局地热雷雨云的形成过程

地面土壤吸收了太阳的辐射热量造成地面温度升高,由于土壤吸收热量的能力远远大于大气层,因而,吸收太阳辐射后,地面升温高于大气层。由于热传导和热辐射作用,近地面层的大气温度也随地面的升温而升高,气体升温则体积膨胀、密度减小、压强降低。根据流体力学原理可知,气体受热则上升,大气层上方密度较大的冷空气则下沉,这种对流现象整体运动是不可能发生的,多发生在地表抬升地区,由于地表抬升隆起的部位升温高,上升气流首先从这里产生,从而形成有序的"伯纳德对流"。

由于高空气压较低,因而地面热空气上升时要膨胀降压,而高空的大气温度较地面低,使得上升气团中的水汽凝结而出现水滴并产生了云,这种云称为积状云,随着对流强度的发展变化,云系也在急剧变化,由积状云转变成淡积云、浓积云最后发展成积雨云。

当垂直对流达到非常强烈时,云中除了一般的水滴之外还有温度低于 0℃ 的过冷水滴和冰晶,厚度可达 10 km 左右,这时的云称为积雨云,也即雷雨云,闪电由此产生。

1.2.2　锋面雷雨云的形成

天气变化过程中,冷气团与暖气团之间有一过渡区域,当这一区域十分狭窄时,气象上就称它为锋。锋在大气空间总是倾斜的,下面是冷空气团,上面是暖空气团,近地面层锋宽约数十千米以上,高层则达到 200~400 km 以上(虞昊等,1995),由于其与气团相比较而言还是狭窄的,因而也称之为锋面。根据锋面的移动方向不同,可以将其分为两类:第一是冷锋过境,此时冷气团推动暖气团,气温下降;第二是暖锋过境,暖气团推动冷气团运动,气温升高(如图

1.3）。由于锋面上潮湿不稳定的暖气团强烈对流,从而形成了雷雨云,经验表明冷锋较暖锋形成的对流形势强烈。锋面过境时形成的雷雨云随锋面移动,其移动平均速度可达 30～40 km/h(虞昊等,1995)。

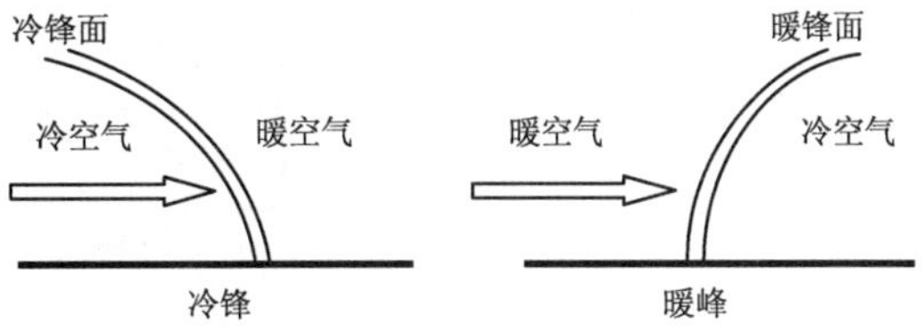

图 1.3 冷锋和暖锋示意图

1.3 雷雨云的成电机制

1.3.1 雷雨云的电结构

英、法、美、德、独联体等国家利用探空气球、飞机、火箭等工具对雷雨云电荷分布进行了多年的探测和研究,经过研究探索总结出了积雨云中电荷分布特点。Simpson 提出了雷雨云中的电荷分布模式,他认为主要正电荷中心位于高空 6 km 高度、温度为 $-30\,℃$、半径为 2 km 的球体,其电荷为 $+24$ C。主要负电荷中心位于 3 km 高度、温度为 $-8\,℃$、半径为 1 km 球体,电荷量为 -20 C。最下方的正电荷区中心位于 1.5 km 高度、温度为 $1.5\,℃$、半径为 0.5 km 的球体,其电量为 $+4$ C(虞昊等,1995)。

综合各种探测和研究,可以看出雷雨云电荷分布的共同处:

①雷雨云的大气体电荷分布是复杂的,但可以看成三个电荷集中区,最高的集中区是正电荷,中间区为负电荷,最低区为正电荷。

②雷雨云中间区的电量最多,因而自下方观测,低层带负电荷,对大气电场的影响是由负变正。

③从远离雷雨云处观测时,雷雨云显示出电偶极子的特性。

④雷雨云中大气体电荷密度绝对值均为 3×10^{-16}～$3\times10^{-15}\,C/cm^3$,最大到 $10^{-13}\,C/cm^3$。

⑤雷雨云中大气体电荷尺度主要介于 50～500 m 之间,出现概率最大处的高度为 200 m,大气体电荷最大尺度可达 1000 m 以上。雷雨云消散阶段,大气体电荷尺度介于 100～1000 m 之间,对应出现概率最大尺度为 300 m(如图 1.4)。

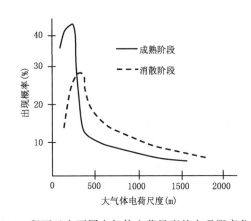

图 1.4 积雨云在不同大气体电荷尺度的出现概率分布图

⑥典型的雷雨云中的电荷分布大体布局(如图 1.5)(虞昊等,1995)。

1.3.2 雷雨云成电机制

(1)雷雨云起电机制的理论评判依据

雷雨云的成电机制,目前还处于理论的探索阶段。这个理论是否正确应符合两个方面的条件:首先,理论应符合实验结果,凡是不符合实验结果的理论就被淘汰;其次,是用普遍适用

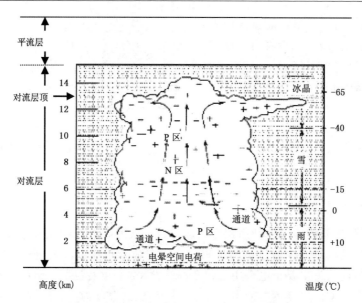

图 1.5　典型的雷雨云中的电荷分布大体布局

的早为大量不同方面的实践所证明的物理基本理论、定律来评判,凡是与之矛盾的则也必被大家所否定(虞昊等,1995)。

(2)雷雨云起电学说的事实依据

①起电过程主要发生在雷雨云的初期,成熟阶段;

②雷暴单体中出现的大气带电过程的寿命期平均为 30 min;

③参与一次闪电的电荷量平均为 20～30 C,闪电电矩平均为 100 C·km;

④闪电频率可达每分钟几次;

⑤第一次闪电一般出现于雷达监测积雨云中出现降水粒子之后大约 10～20 min,此时较大范围的雷雨云中大气电场强度应大于 3×10^3 V/cm;

⑥雷雨云的电荷结构并非完全一致,但云中主要负电荷区一般位于 -5 ℃层处(虞昊等,1995)。

(3)雷雨云的成电学说

雷雨云的成电学说众说纷纭,目前认为与实验结果相符的理论学说有下列几种:大气离子扩散起电机制;极化水滴的选择性捕获起电机制;碰撞感应起电机制;大雨滴破碎起电机制;温差起电机制;界面起电机制;雷雨云降水起电机制;对流起电机制等,现就国际上普遍认可的三种学说介绍如下。

①感应起电学说

当积雨云形成的初级阶段,云中降水粒子在初始大气电场的作用下,感应生成电荷。由于降水粒子远大于云粒子,因而在大气电场和重力作用下,下沉的降水粒子(水滴、冰晶、霰粒)极化带电(如图 1.6),上升气流携带的中性粒子与它相碰撞,当接触时间大于电荷传递所需的弛豫时间(约 $10^{-1} \sim 10^{-2}$ s),弹离的粒子将带走降水粒子下部的部分正电荷,最后导致降水粒子带负电,云粒子带正电,形成云中上正下负的电荷中心。

在大气电场 E 作用下,半径为 R,速率为 V_R 的降水粒子与半径为 r,速率为 V_r 的云粒子碰撞,若云粒子的数密度为 n_r 则降水粒子电量的变化率为:

$$\mathrm{d}q/\mathrm{d}t = -\pi R^2 (V_R - V_r) n_\pi \alpha r^2 (E/2 \cdot \pi^2 \cos\theta + 1/6 \cdot \pi^2 q R^{-2})$$

$$(1.1)$$

式中:α 是降水粒子与云粒子的碰撞分离系数,假设云粒子从降水粒子下表面各部位分离的机会均等,取平均夹角为 45°,则降水粒子的电荷量:

$$q = -2.12 ER^2 (1 - e^{t/\tau}) \qquad (1.2)$$

τ:张弛时间(s)。

$$\tau = [\pi^3 \alpha (V_R - V_r) n_\pi r^2]^{-1} \qquad (1.3)$$

验证:当积雨云中大气电场达 3×10^3 V/cm 时,云中电荷区水平范围为 2 km 时,电荷总量为 33 C,因而该学说正确,而且多用此学说解释雷雨云成电机制。

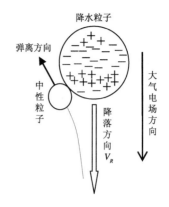

图 1.6　降水离子与云粒子碰撞起电学说示意图

②温差起电学说

雷雨云中含有冰晶、雹粒(软雹)、过冷水滴。在冰块中总是存在 H^+ 和 OH^- 两种离子,离子浓度随温度升高而增大,当冰粒的不同部分有温度差异时温度高的部分的离子浓度大,这就必然出现扩散现象。扩散的速度与离子的大小有关,因氢离子扩散速度大,先期到达右端(冷端),导致冷端带有正电荷(如图 1.7)。

冰中电荷生成的电场将阻止电荷分离的继续,最后达到平衡状态,冰体内建立了稳定的电位差,它正比于温度梯数,最后电场强度为:

$$E = K \, \mathrm{d}T/\mathrm{d}x$$
$$K = 2\mathrm{mv}/℃ \qquad (1.4)$$

式中:K 为波尔兹曼常数。

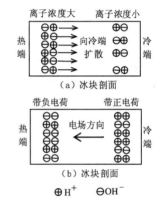

图 1.7　冰的热电起电学说示意图

若有两片冰粒相接触,其温度分别为 T_1、T_2,在 0.01 s 左右的时间内冰块获得最大的表面电荷密度为:$\sigma_{pM} = 3.05 \times 10^{-3} (T_1 - T_2)$ (C/cm^2)

雷雨云的温差成电机制包括,云中冰晶与雹粒碰撞摩擦而引起的起电机制和较大过冷云滴与雹粒碰冻释放热量产生冰屑温差起电机制。

该机制验证:大气电场从初始的晴天大气电场值增到 3×10^3 V/cm,所需时间 $t_0 = 500$ s,即在降水出现后近 600 s 的时间,因而认为该学说正确。

③大雨滴破碎起电学说

在雷雨云的底部总是集中着相当数量的水滴,当水滴处于上升气流较强的地方且水滴的半径超过毫米级时,水滴即被气流吹碎,由于大气电场和重力的作用,带有负电荷的水滴随气流上升,而带正电荷的大水滴因重力作用而沉降到 0 ℃层的云底附近,使云底带正电(如图 1.8)。其破碎时,产生的荷电量与水滴破碎的强弱有关。

破碎起电情况比较复杂,它与水滴的化学成分、气流、水滴温度、电场强度及水滴破裂形式有关,其起电量很不稳定。水滴破碎强烈时,产生的电荷较多,电量较大,反之则形成的电量较少。

例如,一个 4 mm 的大水滴在不考虑外在电场的情况下,破碎强烈时造成的平均电荷为

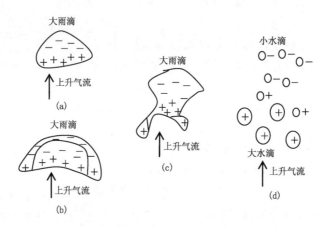

图 1.8　大雨滴破碎起电机制示意图

1.8×10^{-12} C/g,不很强烈时则产生的电荷为 5.0×10^{-12} C/g,同样,雷雨云中的大水滴,每次破碎产生的电荷为 6.7×10^{-12} C/g,这说明大雨滴破碎过程中,雨滴能达到的带电量并不多,这一数值比实际至少小两个数量级。

若考虑云中水滴下沉时已存在晴天大气电场,水滴在大气电场中极化,水滴内沿电场方向的上半部带正电,下半部带负电,水滴破碎后所获得的电量就大多了,雷雨云的大气电场随着体电荷的生成而逐渐增大,雷雨云感应带电电荷量也逐步增大。根据这一理论推算出来的雷雨云的总带电量与实际测得平均数值比较接近。

1.4　闪电的构成

1.4.1　闪电的分类

根据雷电发生位置分类,可将闪电分为:云闪、地闪。

根据闪电的形状可分为:线状闪电、带状闪电、联珠状闪电、球状闪电、片状闪电。

各种闪电出现的概率,以云闪为最多,地闪次之,球闪较少。在各种闪电中地闪的破坏力最为严重。

1.4.2　流光的形成

闪电的基本放电过程为流光过程。

(1)电子雪崩

若气体中的电子在强电场的作用下,它由负电极向正电极高速运动,电子在高速运动过程中与中性分子碰撞使之产生电离,形成正离子和电子。若电场足够强,则一个电子在高速运动的过程中因碰撞而产生若干对正离子和电子。这些新产生的电子又在强电场作用下形成高速运动,经碰撞电离又产生更多的正离子和电子,从而形成电子雪崩式地高速增长,称为电子雪崩过程。同时,气体中的离子也会在强电场的作用下由正极向负极运动,碰撞电离而使正离子形成雪崩式快速增长,称为正离子雪崩过程。

（2）流光

电子在强电场作用下不仅会形成电子雪崩过程,而且因雪崩过程中形成激发态原子,辐射出高能光子,当这些光子具有的能量大于气体分子的电离能时,气体分子在这些光子的作用下产生光电离,形成大量的正离子和电子,这些新电子成为新电子雪崩源,并重复电子雪崩过程和光电离过程,形成巨大的向正极运动的电子流,称之为负流光,其速度比电子雪崩大一个数量级,而从正极向负极发展的流光称为正流光(虞昊等,1995)。

1.4.3　云闪

云闪是指不与大地或者地表物体接触的闪电。它分为云内闪电、云际闪电和云空闪电(如图 1.9)。

图 1.9　闪电闪击瞬间

闪电的形状多为线状,肉眼看到的片状闪电为云层的对流光的反射光。

（1）云闪的形成机制

雷雨云中局部电荷中心的大气电场到达 10^4 V/cm 时,带电水滴间会出现空气介质的强电击穿而发生导电,并发出流光。

最初形成的流光为初始流光。

云闪一般是从正电荷中心发出初始正流光,持续向负电荷区中心发展,形成初始流光过程,这个过程持续时间约为 200 ms,传播速度为 10^6 cm/s,电流强度为 100 A。初始正流光将达到负电荷中心时,从负电荷中心发出不发光的负流光,沿初始流光通道反方向进行,把两个电荷中心联通完成放电过程,这个过程为反冲流光过程。该过程持续时间约为 100 ms,持续电流强度小于 100 A,其间间隔 10 ms,出现约 1 ms 的强放电过程,其峰值电流为 10^3 A,反冲流光的传播速度比初始流光高 2 个数量级,约为 10^8 cm/s,中和的电荷约为 0.5～3.5 C,其电矩为 3～8 C·km 左右。本机制是云内闪电的形成机制,云空闪电的形成机制可参考地闪的 1a、3a 型地闪的形成机制(如图 1.10)(虞昊等,1995)。

（2）地面大气电场变化情况

云闪时近地面电场的变化可以分为三个阶段:初始阶段(具有大量较小的脉冲)、极活跃阶段(具有大量较大幅度的脉冲)和最后阶段的大气电场变化具有间歇脉冲(虞昊等,1995)。

（3）云闪活动规律

云闪多发生在雷雨云中的 0℃ 层附近,在纬度较低地区,雷雨云中 0℃ 层较高,云中负电荷区中心较高,易成云闪,不易成地闪;纬度较高时,雷雨云中 0℃ 层较低,云中负电荷区较低,易

成地闪不易成云闪,由实验测得云闪及地闪与纬度的关系式:

$$P(\varphi, N_y) = [4.16 + 2.16\cos(3\varphi)][0.6 + 0.4N_y/(72 - 0.98\varphi)] \tag{1.5}$$

式中:φ 为纬度,N_y 为雷暴日。

表1.2是根据局地测量结果得出的云闪数与地闪数比值随纬度变化的状况,可以看出热带地区的比值最高。

表 1.2　云闪数与地闪数比值随纬度变化的状况

纬度(°)	2～19	27～37	43～50	52～69
云闪数与地闪数之比	5.7	3.6	2.9	1.8

1.4.4　云地闪电

云地闪电是雷雨云与大地之间的一种放电现象,简称地闪。地闪的形状多为线状,有时因强风作用而出现带状,树状与联球状较少。

(1)地闪的分类

1)分类依据:

①正地闪:闪电电流为正的地闪,云中正电荷向下输送或向上输送负电荷时产生的电流。

②负地闪:闪电电流为负的地闪,云中负电荷向下输送或向上输送正电荷时产生的电流。

③向下先导:由云向下地面发展的先导。

④向上先导:由地面向云中发展的先导。

结合上述四个方面的因素和有无回击将闪电划分为八类(图1.10)。

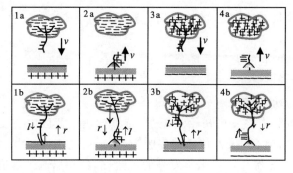

图 1.10　八类地闪

2)类别划分:

①1a 型:先导向下带负电且不落地,没有回击的闪电,为云内放电(云闪)。

②1b 型:先导带负电荷落地且有回击的闪电,向下负闪电。

③2a 型:自地面向上正先导,称为向上正先导—连续负闪电。

④2b 型:自地面向上正先导且有回击的闪电,称为向上正先导—多闪击负闪电。

⑤3a 型:先导向下带正电,且不落地没有回击的闪电,为云内放电(云闪)。

⑥3b 型:先导向下带正电,且有回击称为向下正闪电。

⑦4a 型:自地面向上负先导,电流为正,连续电流持续时间相当长称为向上负先导—连续正电流闪电。

⑧4b 型:向上负先导,先导后 4～25 ms 产生极强烈的回击,称为向上负先导—脉冲正电

流闪电。

（2）地闪的构成特点

一般一次云地放电过程包括梯式先导、回击、箭式先导三个组成部分，图 1.11 为地闪放电过程。

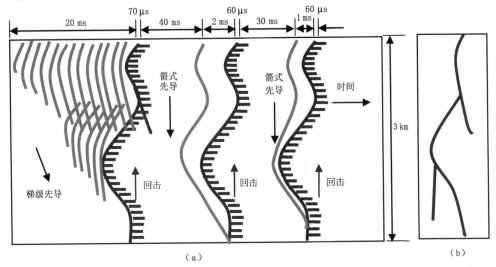

图 1.11　地闪结构

（a）使用旋转照相机记录的多次闪电；（b）普通照相机记录的闪电

1）梯式先导

①梯式先导及形成过程。通常在积雨云的下部有一负电荷中心区，当该中心区的大气电场强度足够大（大于 $3 \times 10^5 \, \text{V/m}$）时，则该雷雨云下部大气会被击穿，形成流光，并将空气轻度电离，形成一条暗淡的光柱像梯级一样逐级伸向地面，从而形成梯式先导，梯式先导在大气体电荷随机分布的大气中蜿蜒曲折地进行，并产生许多向下发展的分支。梯式先导的平均传播速度为 $1.5 \times 10^5 \, \text{cm/s}$ 左右，其变化范围 $1.0 \times 10^5 \sim 2.6 \times 10^5 \, \text{cm/s}$。

单个梯级的传播速度则为 $5 \times 10^7 \, \text{cm/s}$ 左右，单个梯级的长度平均为 50 m 左右，其变化范围 $3 \sim 200$ m，各梯级间的间歇时间平均为 50 μs 左右，变化范围 $30 \sim 125 \, \mu$s，传播直径 $1 \sim 10$ m。

②梯式先导的分类。根据梯式先导过程中的传播速度、梯级的长度、形式和亮度，梯式先导分为 α 型梯式先导和 β 型梯式先导，其特点见表 1.3。

表 1.3　α 型梯式先导与 β 型梯式先导特点比较

类型参数	平均传播速度		特点		
	速度（cm/s）	稳定度	长度	亮度	稳定度
α 型梯式先导	10^7	较稳定	较短	较暗淡	较稳定
β 型梯式先导	$8 \times 10^7 \sim 2.4 \times 10^8$	$\beta \rightarrow \alpha$	上部较短	较明亮	长度变短、亮度变暗

2）回击

当具有负电位的梯式先导到达离地面约 $5 \sim 50$ m 时，可形成很强的地面大气电场，诱发地面反冲正流光与之会合并沿着梯式先导所形成的电离通道由地面高速冲向云中，形成一股明亮的光柱,这个过程称为回击。与先导相比,回击比先导亮的多,回击的传播速度也比梯式先导的速度快得多,平均速度为 5×10^9 cm/s,变化范围为 $2.0 \times 10^9 \sim 2.0 \times 10^{10}$ cm/s。回击通道的直径平均为几厘米,变化范围为 $0.1 \sim 23$ cm。回击具有很强的放电电流,峰值电流强度可达 10^4 A 量级,因而发出耀眼的光亮。地闪中和云中的负电荷,绝大部分在光导放电时贮存在先导主通道及其分支中,回击传播过程中不断中和贮存在先导主通道和分支中的负电荷。我们把梯式先导到回击这一完整的放电过程称为第一闪击。当先导接近地面,电场强度平均临界值为 5×10^5 V/m 时,便形成击穿放电。

若先导顶端电位为 V,则放电距离为:

$$S = V/E(\text{m}) \tag{1.6}$$

但是实际闪电的放电距离要长得多,从地面向上发展起来的反向放电,不仅具有电晕放电,还具有较强的正电流光,它与向下先导会合,其会合点称连接点。若其向下先导到达放电距离同一瞬间开始发展,则连接先导高度约为放电距离一半。

3)箭式先导

由于雷雨云中,分布的电荷互相之间被绝缘的空气所隔离,电荷迁移聚积到一点需要一定时间。重新聚集的电荷循已有离子的原先通道再次放电,这时云中发出的流光不再是梯式先导那样缓慢推进,而是顺利快捷的多,称为箭式先导或直窜先导。一般情况在第一次闪击之后,经过几十秒的时间间隔形成第二次闪击。由负流光形成的箭式先导以一条平均长为 50 m 的暗淡光柱沿着第一次闪击预先电离的路径由云中直弛地面。箭式先导的平均传播速度为 2.0×10^8 cm/s,变化范围 $1.0 \times 10^8 \sim 2.1 \times 10^9$ cm/s,直径变化范围为 $1 \sim 10$ m。当箭式先导到达地面附近时,又产生回击,由第一次箭式先导到回击这一完整的放电过程称为第二次闪击。只有一次闪击的地闪称为单闪击地闪,由多次闪击构成的地闪称为多闪击地闪。通常一次地闪由 $2 \sim 4$ 次闪击构成,个别地闪的闪击次数达 26 次之多。多闪击地闪间隙时间,在无连续电流的情况下平均为 50 ms 左右,变化范围为 $3 \sim 380$ ms。一次地闪的持续时间平均约 0.2 s,变化范围为 $0.01 \sim 2$ s。表 1.4 为地闪放电的典型值。

表 1.4　地闪放电的典型值

梯级先导	梯级长度	50 m
	梯级间时间间隔	50 μs
	梯级先导传播平均速度	1.5×10^7 cm/s
	梯级通道储存电荷	5 C
箭式先导	传播速度	1.5×10^6 m/s
	箭式先导通道上积累电荷	1 C
回击	传播速度	5.0×10^7 m/s
	峰值电流	$10 \sim 20$ A
	不包括连续电流的电荷传送	2.5 C
	通道长度	5 km
连续电流	峰值电流	200 A
	持续时间	$0.1 \sim 0.2$ s
	电荷传送	15 C

	每次闪光的闪击数	3～4 次
闪电	无连续电流时两次闪击之间的时间	0.2 s
	包括连续电流的电荷传送	25 C

1.5　云地闪电的形成机制

地闪过程与长火花放电过程十分相似,而长火花放电的实验研究表明,放电过程的基本过程为流光过程。

1.5.1　电子雪崩—流光过程

若大气中的电子在强电场的作用下,由负电极向正电极高速运动,电子在高速运动过程中与中性分子碰撞而产生电离,形成正离子和电子。当电场足够强时,一个电子在高速运动过程中碰撞而产生若干对正离子和电子,这些新产生的电子又在强电场作用下形成高速运动,碰撞电离又产生更多的正离子和电子,从而形成电子雪崩式的快速增长,称为电子雪崩过程。同时气体中的正离子也会在强电场的作用下由正极向负极运动,碰撞电离使正离子形成雪崩式快速增长,称之为正离子雪崩过程。

1.5.2　负流光

电子在强电场作用下不仅会形成电子雪崩过程,因雪崩过程中形成激发态原子,辐射出高能光子,当这些光子具有的能量大于气体分子的电离能时,气体分子在这些光子的作用下产生电离,形成大量的正离子和电子,这些新电子成为新的电子雪崩源。并重复电子雪崩过程和光电离过程,形成巨大的向正极运动的电流,称之为负流光,其速度比电子雪崩大一个数量级。从正极向负极发展的流光称正流光。

1.5.3　地闪的形成机制

积雨云中的强电场区相对于 0 ℃层的位置确定为云中放电位置。如果云中的强电场区位于 0 ℃层以上,由于在 0 ℃层以上区域含大量有突出棱角的固态水成物冰晶,大气电场达到 10^4 V/cm 时,在冰晶棱角处形成强电场,产生电晕放电;若云中电场处在 0 ℃层附近时,在该区域中存有大量的大水滴,大水滴在电场的作用下向两端伸长而破碎,水滴在伸长的两端也会形成强电场,产生电晕放电。在云中局部强电场区,特别是云体下负电荷区中心与其下方的弱正电荷区中心之间的强电场区都会导致云体大气放电,形成流光,并向电场较弱的区域发展,最后由云中向大地发展成地闪。

云中大水滴产生畸变并导致电晕放电的临界大气电场为:

$$E_c = 3875 r^{1/2} \text{(V/cm)} \tag{1.7}$$

(1)梯式先导形成机制

在梯式先导形成之前有一看不见的引路先导,由于负流光形成的梯式先导为高度电离,因此在梯式先导顶端有与云中负电荷中心相同的电位,也就是在梯式先导顶端前形成很强的电场,当电场达到 6×10^4 V/cm 时,在梯式先导前端产生电子雪崩,形成热电离,并以大约

10^7 cm/s 的速度向下发展,这就是引路先导。当引路先导向下传播时,由于引路先导的电场随距离减弱,又因梯式先导顶端聚集了大量正电荷,使梯式先导通道的顶端处的电场大为减弱,局部甚至出现反向电场,这时引路先导便停止发展,而梯式先导局部电子会退缩回梯式先导的正电荷区,产生强烈的复合,形成很强的光电离,这时出现由辉光向弧光条件突变。梯式先导负流光便以大约 10^9 cm/s 的高速沿引路先导形成的通道向前发展,从而完成一次梯级过程。此时先导顶端又具有云中负电荷的电位,并在先导顶端重新形成大于 6×10^4 V/cm 的强电场,于是又形成引路先导,并向前发展一段有限距离。随之导致梯式先导再向前伸展一梯级。直至到地面附近。先导与大地间形成的强电场,将导致从地面发展向上正流光(即连接先导)与梯式先导会合,从而梯式先导通道与大地相接。梯式先导的某些部分中止于大气,形成梯式先导分支,在梯式先导主通道和分支中贮存了大量负电荷。

(2)回击形成机制

当充满负电荷的梯式先导通道与向上连接先导相接的一瞬间,便出现明亮的回击,从而完成了第一闪击过程,回击实为向上的正流光,携带大量的正电荷,并在预先电离的梯式通道中发展,其传播速度高达 $10^9 \sim 10^{10}$ cm/s,这时梯式先导通道中的大量电子在回击顶端强电场作用下,高速到达回击顶端,并形成了电子雪崩。从而出现高达 10^4 A 的峰值电流,使回击通道加热并发出耀眼的光亮。回击通道在向上发展过程中,不断中和梯式先导主通道和分支通道中的大量负电荷。

(3)箭式先导的形成机制

箭式先导的形成机制与梯式先导十分类似,同为向下的负流光过程,只是箭式先导前的引路先导是沿着前一次闪击所形成的通道中发展的,由于原通道中剩余电离的影响,使引路先导发展十分迅速,以致箭式先导就像连续发展的负流光过程,即一小段发光光柱连续向大地发展。箭式先导的发展速度达 10^8 cm/s 左右,约比梯式先导平均大一个数量级,箭式先导可以直接向下发展与地连接,也可以与向上的连接先导相接,当充满负电荷的箭式先导通道与大地相接的瞬间,又出现明亮的回击,从而完成随后的闪击过程。

1.5.4　闪电(云地闪电)的数学模型与滚球半径

(1)闪电的数学模型

闪电随着通道向大地下探放电形成梯级先导,梯级先导与地面的距离较大时,其空间走向是随意的,与地面物体的高低及地质地貌无任何关系,直到先导头部电压足以击穿它与地面目标间的间隙时,即先导与地面目标的距离等于击距时,才受到地面影响而开始定向。

国际电工委员会(IEC)规定:从梯级先导通道前端向四周探出的 $10 \sim 100$ m"长臂",其臂长称作击距或闪击距离,在标准规范中称作滚球半径。

上述理论构成了闪电数学模型(电气—几何模型):

$$h_r = 2I + 30(1 - e^{-I/6.8}) \tag{1.8}$$

上式简化得:

$$h_r = 10. I^{0.65} \tag{1.9}$$

式中:h_r 为雷闪的最后闪络距离(击距),也即滚球半径,m。

I 为与 h_r 相对应的得到保护的最小雷电流幅值(kA),即比该电流小的雷电流可能击到被保护的空间。

我们将上式整理后得 $I = (h_r/10)^{1.54}$，把 GB50057—2010《建筑物防雷设计规范》中规定的第一、二、三类防雷建筑物的 h_r（滚球半径）代入上式，得到第一类防雷建筑物的 I_1 为 5.4 kA，第二类防雷建筑物的 I_2 为 10.1 kA，第三类防雷建筑物的 I_3 为 15.8 kA，由此可以看出，当雷电流小于上述数值时，雷闪就可能穿过接闪器而击于被保护的建筑物上，等于或大于上述数值时，雷闪将击于接闪器上。

（2）滚球半径的特点

①滚球半径的长短与雷雨云的荷电量的多少有关，也即系统的强弱有关，雷雨云较强时其滚球半径也就越长。

②滚球半径的终点位置与梯级先导的梯级倒数第二级的终端有关，以该点为中心以其臂长为半径的圆内的各地面物体均有雷击可能。

③闪击通道一般要选择电阻最小的路径。

1.6　球状闪电的形成与危害特点

球闪是一种彩色的火焰状球体，通常有橙色、红色，有时可能有黄色、绿色、蓝色或紫色。其直径约为 100～300 mm，最大可达 1000 mm。球闪存在的时间通常为 3～5 s 之间。辐射功率小于 200 W。球闪的运动无特定轨迹，有时在距地面 1 m 左右的高度，沿水平方向以 1～2 m/s 的速度上下跳跃，有时在距地面 0.5～1 m 的高处滚动，或突然升至 2～3 m。

球闪生成突然，声音较小，有时无声，有时发出丝丝的声音，遇到物体时发出震耳的爆炸声，并伴有臭氧、二氧化氮或硫黄的气味。

关于球闪的结构众说纷纭，一些学者认为它是一团等离子团，有的认为它是小范围的急促气旋造成的，一些学者认为它是自然的核反应，甚至一些学者还认为它是一种光幻视现象。球闪可穿过较薄的物体、细小的缝隙及门窗等。球闪的出现与消失无特定规律，但多出现在雷雨云形成的天气。各地均有球闪出现，但活动情况各有不同。

例一：一位美国 KC—97USAF 空中加油机驾驶员写道，"我们飞行在 18000 英尺*高空的云中，温度在 0 ℃以上……突然，一个黄白色直径约 18 英寸**的火球出现在仪表盘挡风屏的中心，以快于人的速度从我的左边座位跑到右边的座位……然后掠过驾驶员的头顶，……该火球穿过货仓，横向滚到机翼，然后从右翼跳出，滚入云中，火球从出现到消失均未发出声音。"

例二：北京地区的球雷事故较为显著，如 1981 年 8 月 2 日西郊善家坟公安局仓库因落球雷烧坏 33 根电警棍。1983 年 8 月 15 日北京东郊炼焦化工厂，因落球雷烧毁高 4.4 m、直径 6 m、体积为 100 m³ 的酒精罐 2 个，同日东郊十八里店公社铸造厂，落球雷烧爆 10 t 汽油罐 2 个及 2 t 柴油罐 2 个。

注：* 1 英尺 = 0.3048 m；** 1 英寸 = 2.54 cm。

第2章　雷电的危害

雷电(Lightning)是发生在大气中的一种自然放电现象,是众多天气现象中的一种,发生时产生强烈的亮光,并伴随巨大的爆鸣声,是一种既恐怖又壮观的大气物理现象。

据有关部门估计,全世界平均每小时发生雷暴2000多次,全球每年因雷击造成的人员伤亡超过1万人,由此引起的火灾、爆炸时有发生。

仅1998—1999年两年间,全国因雷击造成直接经济损失百万元以上的有38起。每年因雷电灾害造成的财产损失在70亿~100亿元,造成人员伤亡3000~5000人。

1989年8月12日9时55分,黄岛油库5号非金属油罐遭受雷击爆炸起火,扑救4个多小时后,由于油罐原油沸溢和喷溅,引起4号油罐爆炸,1、2、3号10000 m³的金属油罐也爆炸起火,使整个老库区一片火海,燃烧104个小时,烧掉原油3.6万吨,牺牲19人,伤100多人,经济损失达数千万元(欧清礼,1997)(如图2.1)。

图2.1　黄岛油库雷击事故火灾现场

2005年8月17日11时左右,某纸业公司氯碱车间的氢气放散管口雷击起火,因设置了阻火器,火焰未进入设备,关闭放散阀后,熄灭火焰,此次雷击事故未造成危害。14时20分,该厂南部重油罐雷击后起火,油罐顶盖炸飞,经消防大队灭火,火灾消除,直接经济损失20万元(如图2.2)。

2010年4月13日凌晨00时55分,东方明珠广播电视塔顶端发射天线遭受雷电闪击,天线外罩燃烧,所幸未造成设备损坏(如

图2.2　纸业公司重油罐雷击火灾现场

图 2.3)。

　　1994 年德国慕尼黑 TELA 保险公司对欧洲各国用户由各种灾害造成的损失进行了统计,雷击和雷电过电压造成的灾害损失占据首位(如图 2.4)。1995 年德国一保险公司雷电灾害赔款是火灾的近十倍,还是高居首位。

　　2003 年 8 月 14 日,美国东北部和加拿大发生大面积停电,其原因可能是闪电击中美国纽约州北部的一家电厂并引起火灾。

　　由于雷电放电时间短、电压高,因此雷电危害建(构)筑物具有其特殊的方式与特征。

图 2.3　电视塔顶端发射
天线雷击现场

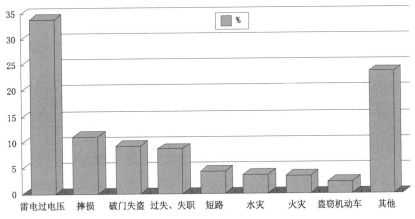

图 2.4　1994 年欧洲各国各种灾害造成的损失统计示意图

2.1　雷电活动的一般规律

　　经大量资料统计表明,雷电活动具有一定的规律性,气象上对于某一地区雷电活动的强度通常是用年平均雷暴日来表示。据统计,我国有 21 个省(区、市)雷暴日数在 50 d 以上,最多的可达 134 d。雷电活动的强度是因地而异的,西北地区较少,年平均雷暴日小于 15 d;长江以北大部分地区年平均雷暴日为 15~40 d;长江以南大部分地区年平均雷暴日大于 40 d;23°N 以南大部分地区年平均雷暴日大于 80 d,海南岛及雷州半岛地区年平均雷暴日在 120~130 d (苏邦礼等,1996)。

　　同一地区,由于受到局部气象因素的影响,雷电活动可能比邻近地区强得多。如在某些山区发现,山的南坡落雷多于山的北坡,面海的一面山坡落雷多于背海的一面山坡,雷暴走廊与风向一致的地方,在风口和顺风的河谷里落雷多于别的地方,这主要是局部地区受小区域气象因素的影响更为显著的缘故。

　　据大量调查统计表明,雷电活动规律大致如下:

　　①热而潮湿的地区比冷而干燥的地区雷暴多;

　　②雷暴频率是山区大于平原,平原大于沙漠,陆地大于湖海;

　　③雷暴高峰日在 7—8 月份,活动时间多在 14—22 时;

④各地区雷暴的极大值和极小值多出现在相同的月份。

2.2 雷击的选择性

雷电活动具有一定的规律性,而雷击也具有选择性,其选择性与土壤电阻率等各种因素有直接的关系。

雷电闪击时,对于落雷点是具有选择性的,充分了解雷电的这一特性,对于直击雷的防护具有十分重要的意义。

通过对大量雷击事故的资料统计和实验研究表明,影响雷击选择性的因素有以下四个方面。

2.2.1 地质构造因素(土壤电阻率因素)

苏联学者 И·С·Стеколиков 曾用模拟方法证明,雷击的概率与土壤电阻率有关。

①土壤电阻率分布不均匀时,电阻率小的地方易受雷击。

②不同电阻率的土壤,交界地段易受雷击。

③有金属矿藏的地区、河岸、地下水出口处、山坡与水面接壤地区易受雷击。这是由于在雷电先导的放电过程中,土壤中的先导电流是沿着电阻率较小的路径流通,而电阻率较大的岩石表面只是被带电荷的雷云感应积聚了少量与雷云相对应的异性电荷。

2.2.2 地表设施的状况因素

凡是有利于雷云与大地间建立良好的放电通道者皆易遭受雷击,这是影响雷击选择性的重要因素。

①旷野中孤立、突起的建筑物(构筑物)或人易遭受雷击。

②不间断工作的烟囱易受雷击。由于自烟囱冒出的气体含有少量的导电离子和游离气团,他们比一般空气易于导电,这就等于加高了烟囱的高度。

③金属结构的建筑物、内部有大量金属物体的厂房、内部经常潮湿的房间易受雷击。原因是这些地方具有良好的导电性能。

④大树、输电线、高架线路或其他高架金属构件易受雷击。

2.2.3 地形因素

凡是有利于雷雨云的形成和相似条件的地形易受雷击。如山地的东坡与南坡较北坡与西北坡易受雷击,山中的平地较峡谷易受雷击。

2.2.4 建筑物或构筑物的结构特点因素

(1)建筑物或构筑物的突起部位易受雷击,如放散管、风管、广告牌、楼角等。

(2)陡角不同的平房遭受雷击的部位各不相同:

①平房顶或坡度不大于 1/10 的屋面,檐角、女儿墙、屋檐易受雷击,图 2.5(a)、(b)。

②坡度大于 1/10 且小于 1/2 的屋面则屋角、屋脊、檐角、屋檐易受雷击,图 2.5(c)。

③坡度不小于 1/2 的屋面则屋角、屋脊、檐角易受雷击,图 2.5(d)。

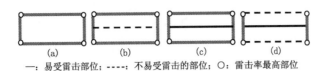

一：易受雷击部位；----：不易受雷击的部位；○：雷击率最高部位

图 2.5 建筑物易受雷击部位示意图

④屋脊设置避雷带（接闪带）时，屋檐若处于屋脊避雷带（接闪带）的保护范围内时，屋檐可不设避雷带（接闪带）。

2.3 雷电的破坏作用

雷电是由联合国国际减灾委员会公布的对人类造成最严重危害的十大自然灾害之一。被国际电工委员会（IEC）称为"电子化时代的一大公害"。雷电给人们生活带来了极大的安全隐患，尤其是近年来，随着我国社会经济、信息技术、特别是计算机网络技术的迅速发展、城市建筑日益增多，雷电危害造成的损失也越来越大。

一次地闪的闪络过程，就是雷云把蕴藏的能量释放出来的过程，其闪络的路径为雷雨云的底部至地面的闪击点，主要能量的释放时间约为几十微秒，产生的雷电流几十至几百千安，最大约 400 kA 左右，电势差可达上万伏，正是这种特殊情况，使雷电流具有它特殊的破坏作用。雷电的危害归纳如下（见图 2.6）。

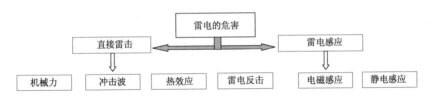

图 2.6 雷电危害效应树枝图

2.3.1 雷电流热效应引起的破坏作用

雷云对地放电时，强大的雷电流通过被雷击的物体，由于雷电流的幅值高达数十至数百千安，当雷电流通过闪击物体时其温度会急剧上升高达 6000～10000 ℃，造成金属熔化、树木燃烧。

（1）雷电热效应在闪击点处的温升

当雷电闪击发生在建（构）筑物的金属构件时，在雷击点产生的热量可以通过在雷电流持续时间内的积分来计算求得，见式（2.1）。

$$W = \int U_{AR} i \, \mathrm{d}t \qquad (2.1)$$

式中：W 为雷电流在导体上产生的热量（J）；

U_{AR} 为金属物体上雷击点处电弧压降，其经验值取 20～30V；

i 为从雷击点泄入金属物体的雷电流（A）。

式（2.1）中 U_{AR} 近似取为常数，代入电荷表达式可得：

$$Q = \int i \mathrm{d}t$$

式中：Q 为电荷量（C）。

将上式代入式（2.1）可得：$W = U_{AR} Q$

由上式可知：雷击点处雷电产生的热量与雷电泄入雷电通道的电荷量成正比。但是，雷电放电具有随机性，雷击时泄入雷电通道的电荷量也是随机的，其概率分布见图 2.7。

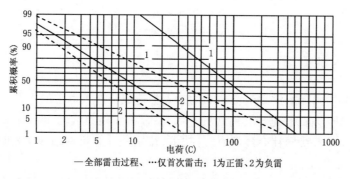

—全部雷击过程、⋯仅首次雷击；1为正雷、2为负雷

图 2.7　泄入电荷的概率分布量

由于雷电流的作用时间非常短，计算雷击点的温升时，可忽略散热的影响，雷击点的温升由下式求得。

$$\Delta T = W / m\lambda$$

式中：ΔT 为温升（℃）；

　　　m 为金属物体质量（kg）；

　　　λ 为比热容（J/(kg · ℃)）。

（2）雷电流泄入金属导体产生的热量

电流金属物体时会产生热量，当雷电流通过金属物体或者树木时也会产生高热量，根据焦耳定律，一次闪击的雷电流在某一导体上产生的热量 W 可由（2.2）式求得。

$$W = R \int_0^i i(t)^2 \mathrm{d}t \qquad (2.2)$$

式中：W 为雷电流在导体上产生的热量（J）；

　　　R 为雷电流通过导体的电阻（Ω）；

　　　t 为雷电流持续的时间，可取波头时间（μs）；

　　　i 为雷电通道的雷电流（kA）。

通过导体的雷电流值为：

$$i_{(t)} = k_c \cdot i \qquad (2.3)$$

式中：k_c 为分流系数，见附录1；

　　　i 为雷电流，可取峰值电流，见附表 2.1（第一类防雷建筑物取 200；第二类防雷建筑物取 150；第三类防雷建筑物取 100）。

因为雷电流的作用时间很短，散热影响可忽略不计，雷电流通道上引起的温升见（2.4）式：

$$\Delta T = \frac{Q}{mc} \qquad (2.4)$$

式中：ΔT 为温升（K）；

　　m 为通过雷电流物体的质量（kg）；

　　c 为通过雷电流物体的比热（J·kg^{-1}·K^{-1}）；

　　Q 为雷电流产生的热量（J）。

由于雷电流幅值很高，通过的时间短，被雷击的物体瞬时将产生大量的热量，雷击到截面积较小的金属体时可使其熔化。因此，作为接闪器的金属体应采用厚度不小于 4 mm 的钢板，直径不小于 8 mm 的圆钢。

（3）雷电流热效应产生的内压力

雷电闪击金属构件或者大树时，会产生大量的热量导致物体瞬间升温，当雷电闪击到大树时（水分较大的活树），由于大树的阻抗较大，雷电流泄入大树时产生较大的热量，该热量将树内水分蒸发成水蒸气，当水蒸气的压力大于树内纤维的收缩力时，树内大量瞬间形成的水蒸气就会膨胀、爆炸，造成树木纤维状爆裂，水分较少时会伴有烧灼迹象，图 2.8 为大树遭雷击现场。

图 2.8　大树遭雷击现场

2.3.2　雷电流冲击波引起的破坏作用

（1）地闪产生的冲击波

地闪回击通道的初始平均温度和气压均很高，产生的瞬时功率巨大，所以易形成爆炸式的冲击波。直接观测冲击波的波阵面扩展速度很困难，中国科学院的孙景群教授等研究者采用实验室内模拟雷电的观测，测得闪电通道径向扩展速度 $V_r(t)$ 及其随时间的变化关系（如图 2.9）。实验测得闪电通道径向扩展速度最大可达约 16 km/s，远大于大气中的声速，但很快就衰减为声波。

雷电冲击波的破坏程度与冲击波波阵面的超压 $p(t)$ 有关：

$$P(t) = P_s - P_0 \qquad (2.5)$$

式中：$P(t)$ 为冲击波波阵面的超压（hPa）；

　　P_s 为冲击波波阵面的气压（hPa）；

　　P_0 为为环境大气的气压（hPa）。

$P(t) = 70$ hPa 时，可造成玻璃震碎等轻微破坏。

$P(t) = 380$ hPa 时，可使 20 cm 厚的墙遭到破坏。

强闪电时，在其通道附近几厘米到几米范围，$P(t)$ 可达到 10^4 hPa 数量级。

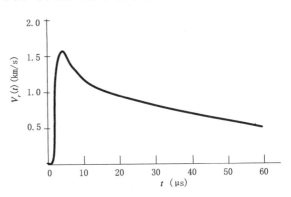

图 2.9　闪电通道径向扩展速度 $V_r(t)$ 随时间 t 的变化

（2）云闪产生的次声波

庞大的积雨云，因迅速放电而突然收缩，电应力（典型值为 100 V/cm）随之瞬间解除，雷雨云中的流体压强也将减少到 0.3 mmHg 的程度，这样就形成稀流区和压缩区，它们以零点几赫兹到几赫兹的频率向外传播，从而形成次声波。次声波对人畜有伤害作用，这种波多形成在云层中的片状闪电。

2.3.3　雷电流机械效应引起的破坏作用

由电磁学可知,交变的电流载体在周围的空间存在着磁场,而在磁场中的载流导体又会受到电磁力的作用。图2.10中,A、B为两根相同方向雷电流的金属导体,导体A上的雷电流在其周围空间产生磁场,金属导体B在这个磁场中受到磁场力的作用,其方向垂直指向导体A。同样,载流导体B在其周围也会产生一个电磁场,载流导体A在这个磁

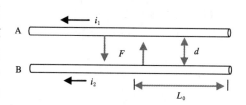

图2.10　两平行导线间的电动力

场中也会受到电磁力的作用,其方向垂直指向导体B。由安培定律可知,两平行导体通过的电流为 i_1 和 i_2、间距为 d、长度 L_0 的导线所受的作用力为:

$$F = 1.02 \times \frac{2L_0 \cdot i_1 \cdot i_2}{d} \times 10^{-8} \tag{2.6}$$

当载流导体A、B的电流方向相反时,两导体在电磁力的作用下相互排斥,电磁力较大时可以折弯金属导体。

若假定雷击瞬间通过两平行导线的电流为100 A,相距50 cm的两载流体的作用力为408 kg,以这个力量使两载流体造成破坏,当两导体存在一定的夹角 α 时,上式为:

$$F = 1.02 \times \frac{2L_0 \cdot i_1 \cdot i_2}{d} \times 10^{-8} \cos\alpha \tag{2.7}$$

由此可知,凡拐弯的导体或金属构件,拐弯部分将受到电动力的作用,夹角越小电动力越大,因此防雷设施及易受雷击的金属构件宜做等电位连接,当有转弯时宜采用“软连接”。

2.4　雷电感应引起的破坏作用

2.4.1　雷电静电感应引起的破坏作用

雷雨云出现时云层中带有大量的电荷,由于静电感应作用,与其相对应的地面上的建筑物、构筑物等带有等量异种电荷(如图2.11),雷电发生后雷雨云所带电荷通过闪击迅速消失,地表面电荷随之消失,但是某些构筑物、金属导体、金属屋面等金属构件由于与地面间存在较大电阻,其感应的电荷不能在同样短的时间内消失,因而便形成局部高电位(金属体对地),见(2.8)式:

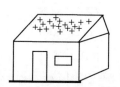

$$U_0 = \frac{Q}{C} \tag{2.8}$$

图2.11　静电感应示意图

式中:U_0 为金属体电位,金属体上感应电压的最大值(V);

　　　Q 为金属体的电荷(C);

　　　C 为金属体对地电容(F)。

(1)金属屋面的静电感应

式(2.8)中 U_0 实际是金属体上感应电压的最大值。这种电荷流散过程本质上是一个一阶 RC 电路的零输入响应过程,因此建筑物金属屋顶的对地电压 u 应按式(2.9)规律变化。

$$u = U_0 \cdot e^{-\frac{t}{RC}} \tag{2.9}$$

式中:u 为金属屋面对地电压(V);

　　U_0 为金属屋面感应电压的最大值(V);

　　t 为以发生闪击瞬间为零,闪击发生后延续的时间(s);

　　R 为高电压局部地区对大地的散流电阻(Ω);

　　C 为局部高电压地区对雷云之间的电容(F);

由式(2.9)可知,静电感应形成的局部高电压在架空高压线路上可达 $300\sim400$ kV,低压架空线路上可达 100 kV 以上,电信线路可达 $40\sim60$ kV,金属屋面的建(构)筑物也可产生较高的感应电压。

当建(构)筑物的金属屋面与大地处于绝缘状态时,由雷电感应产生的高电压会对地产生放电现象,但室内有人或者其他较高金属物体及设备时极易造成闪击,造成人员伤亡和设备损坏。

当金属屋面的建(构)筑物存有接地,但是连接部分存有间隙时,由雷电感应产生的高电压会在间隙处产生火花放电现象,当该建筑物内存有爆炸、可燃气体或者粉尘时,将会产生爆炸现象。

(2)架空线路上的静电感应

雷电闪击放电通道就在感应金属线附近时,金属在线感应的电压(根据 1994 年水利电力出版社出版的苏联的学者拉里昂诺夫著《高电压技术》经验公式)根据式(2.10)求得。

$$U_g = (K_E + K_C) \cdot h_d / s \cdot i \approx 30 i \cdot h_d / s \tag{2.10}$$

式中:U_g 为雷击发生后,局部对地之间的瞬间电压(V);

　　i 为雷电流(kA);

　　h_d 为架空线的高度(m);

　　s 为感应导线距闪击导体间的垂直距离(m);

　　K_E、K_C 为比例系数,具有电阻量纲,二者之和近似为 30 Ω。

自上述情况可以看出,受感应的金属构件若接触不良或有间隙时将产生高压火花,若在 1 区或 2 区的爆炸危险场所中即可引起爆炸。

2.4.2　雷电流电磁感应引起的破坏作用

交变的电流会产生变化的电磁场。雷电流由于有极大峰值和陡度,在其周围便会形成强大的电磁场,处在电磁场中的导体会感应出较大的电动势。若在防雷引下线(雷电流柱)附近设置一个开口的金属环,间隙金属环上的感应电势足以使开口间隙放电,产生火花。金属环接口处接触不良,也会使回路过热,引起易燃物品燃烧,酿成火灾。

如图 2.12 所示,一正方形有间隙的金属环

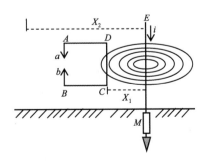

图 2.12　雷电流对附近开口金属环电磁感应情况

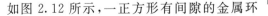

ABCD 与避雷针（接闪杆）的间距分别为 X_1、X_2，边长为 l，当避雷针（接闪杆）EM 有雷电流通过时，

间隙金属环上最大感应电压为：

$$E_m = -M\frac{\mathrm{d}I}{\mathrm{d}t} \qquad (2.11)$$

若考虑电压的方向则间隙金属环上最大感应电压为：

$$E_m = M\frac{\mathrm{d}I}{\mathrm{d}t} \qquad (2.12)$$

式中：E_m 为最大感应电势（V）；

M 为互感系数（H）；

$\mathrm{d}I/\mathrm{d}t$ 为闪电电流变化率（kA/μs）。

根据电磁场理论：

$$\varphi \cdot H \cdot \mathrm{d}L = I$$
$$2H \cdot \pi \cdot X = I$$
$$H = I/2\pi X$$
$$\mathrm{d}\varphi = B \cdot \mathrm{d}s = \mu_0 \cdot H \cdot \mathrm{d}s$$

因
$$\mathrm{d}\varphi = \mu_0 \cdot H \cdot l \cdot \mathrm{d}x$$

则
$$\varphi = \int_{X_1}^{X_2} \mu_0 \cdot H \cdot l \cdot \mathrm{d}x = \frac{\mu_0 \cdot I \cdot l}{2\pi}\int_{X_1}^{X_2}\frac{\mathrm{d}X}{X} \qquad (2.13)$$

又因
$$M = \frac{\varphi}{I}$$

则
$$M = \frac{\varphi}{I} = \frac{\mu_0 \cdot l}{2\pi}\int_{X_1}^{X_2}\frac{\mathrm{d}X}{X} = \frac{\mu_0 \cdot l}{2\pi}\ln\frac{l+X_1}{X_1} \qquad (2.14)$$

式中：H 为磁场强度（A/m）；

B 为磁感应强度（T）；

φ 为穿过金属环的磁通量（Wb）；

M 为互感系数（H）；

μ_0 为空气磁介常数，为 $4\pi\times10^{-7}$ H/m；

l 为正方形金属环的边长（m）。

将 μ_0 代入式(2.14)

$$M = 2\times10^{-7}l \cdot \ln[(1+X_1)/X_1] \qquad (2.15)$$

由上式可知在避雷针（接闪杆）附近开口金属环上最大感应电势为：

$$E_m = 2\times10^{-7}l \cdot \ln[(l+X_1)/X_1] \cdot \mathrm{d}I/\mathrm{d}t \qquad (2.16)$$

当避雷针（接闪杆）（闪击电流柱）与金属环之间的夹角为 α 时，则：

$$E_m = 2\times10^{-7}l \cdot \ln[(l+X_1)/X_1] \cdot \mathrm{d}I/\mathrm{d}t \cos\alpha \qquad (2.17)$$

假设图 2.12 中开口金属环的边长 $l=5$ m，雷电流峰值为 100 A，取雷电闪击电流波形前沿为 2.5 μs，金属环感应电压与闪击电流间距的关系如图 2.13。

由此可见，一个边长为 5 m 开口金属环，距离雷击点的距离即使 200 m，电压也高达 1 kV，在潮湿的环境中，零点几毫米的气隙就可能被击穿，发生有害的电火花，造成易燃物品的火灾和爆炸危险环境的爆炸灾害。

例：山东省某油库 1989 年 8 月 12 日 09 时 55 分起火，历时 100 余小时才扑灭，造成巨大的经济损失，伤亡百余人，后经防雷专家反复论证定为直击雷击中油罐附近地面，电磁感应引起油罐间隙产生电火花造成爆炸。该油库为钢筋水泥结构，储油超万立方。根据中国科学院国家空间科学中心测得，当时该地有 2～3 次落地雷，最大一次雷电流峰值为 104 kA。若雷电流波的前沿为 2.5 μs，即使 10 m×10 m 连接不良金属环，距其 500 m 处发生闪击，其感应电势可达：

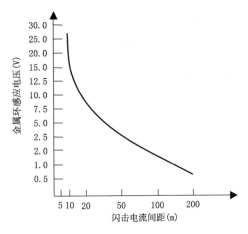

图 2.13　金属环感应电压与闪击电流间距的关系

$$E_m = 2 \times 10^{-6} \ln(510/500) \times [10400/(2.5 \times 10^{-6})] = 1.6 \, (\text{kV})$$

这样高的感应电压在潮湿的雷雨环境中，1 mm 左右的开口也会产生火花并引爆石油挥发气体（苏邦礼等，1996）。

2.4.3　雷电反击和雷电引入高电压引起的破坏作用

（1）雷电反击

雷电反击是指接受雷电流的金属物体（防雷装置、金属构件等）在接闪瞬间与大地间存在很高的电压 U，这电压对与大地连接的其他金属物体发生闪击（闪络）的现象。这种现象有时也会发生在树木与房屋及金属物体之间。

产生反击的电流通道上某点的电势可用（2.18）式计算：

$$U = i \cdot R_i + L_0 \cdot h \cdot di/dt \tag{2.18}$$

式中：U 为 A 点相对于零地面的电压（kV）；

　　　i 为通过引下线的雷电流（kA）；

　　　R_i 为接地装置的冲击电阻（Ω）；

　　　L_0 为通过雷电流引下线的单位长度电感（μH/m），铁约 1.55 μH/m；

　　　h 为引下线 A 点到零地面的高度（m）；

　　　$\dfrac{di}{dt}$ 为雷电流陡度（kA/μs）。

由式（2.18）可以看出，全部电压包括两部分，一是雷电流瞬时值的电阻压降，二是雷电流在电感上的压降，它与雷电流陡度有关。

某个电磁场空间的电压与电场强度存在如下关系：

$$U = E \cdot S \tag{2.19}$$

不同的介质和不同的压降即有不同的击穿强度。空气中，电阻压降的击穿强度为 500 kV/m，电感压降的击穿强度为 1000～1200 kV/m（苏邦礼等，1996）。

雷电产生反击后将使雷电流转移，被反击金属体随即带有高电压，从而损坏设备。为了有效地防止雷电反击，应使雷电通道与建筑物及受保护金属体间有足够的安全距离，使它们之间的电压产生的场强小于界电场强（击穿强度）。

（2）雷电引入高电压

雷电引入高电位是指直击雷或雷电感应产生的高电压自输电线、通信电缆、无线电天线等金属线路引入建筑物或设备内部，造成闪击的雷击现象。高电位的产生造成脉冲雷电流沿导线进入用电设备，是常见的用电设备雷击的主要形式，危害极大。如 2000 年我国某证券交易所因雷电感应而产生的高电位引入，致使雷电流入侵造成设备损坏，交易停止 48 min，损失巨大。

第 3 章 雷电监测

雷电监测系统是雷电预警的重要手段,其监测资料也是雷击事故鉴定的重要依据。目前,我国针对强对流天气的预警预报主要采用卫星监测、雷达监测、天气图分析等手段,闪电监测主要依据闪电定位仪、大气电场测量仪等闪电监测系统。本章主要介绍利用天气图、卫星云图等工具预测预报强对流天气的物理参数及其阈值,雷电监测的常用方法及其工作原理。

3.1 强对流天气的预警预报

雷电产生于较强的对流天气,而较强的热力不稳定是强对流发展的基础,表达热力变化的物理参数主要有抬升指数(LI)、K 指数、总温度指数(TT)、沙氏指数(SI)、对流有效位能($CAPE$)等(姚学祥,2011)。

3.1.1 强对流天气预测预报常用的物理参数

目前,强对流天气的监测预报常利用卫星云图、雷达云图,对有关物理参数加以分析、依据各种数值预报工具,进行综合分析予以确定。在各种对流天气的监测预报工具中,常用的物理参数主要有以下几个方面:

①对流稳定度指数 IC:$IC = \theta_{se850} - \theta_{se500}$(℃),正值越大越不稳定。

②抬升指数 LI:指大气在 500 hPa 处不稳定程度的体现,单位为℃,是指 500 hPa 处环境温度与气块从 1000 hPa 绝热上升到 500 hPa 处的温度差值,负值越大越不稳定。

③潜在性稳定度指数:$\theta_{se500} - \theta_{se地面}$(℃),该值≤0 为不稳定的判断,值越小,对流抑制能越小,潜在不稳定性越强。

④ K 指数:$K = (T_{850} - T_{500}) + T_{d850} - (T - T_d)_{700}$(℃),$K$ 指数是一个经验指标,它同时反映了大气层结稳定度和中低层的水汽条件。K 值越大,潜能越大,大气越不稳定。

⑤沙氏指数 SI:$SI = T_{500} - T_s$(℃)

T_{500} 为 500 hPa 上的实际温度(℃);

T_s 为 850 hPa 等压面上的湿空气团沿干绝热线上升到达凝结高度后,再沿湿绝热线上升至 500 hPa 时所具有的气团温度(℃)。

$SI > 3$℃	发生雷暴的可能性很小或没有;
$0℃ < SI < 3$℃	有发生阵雨的可能性;
$-3℃ < SI < 0$℃	有发生雷暴的可能性;
$-6℃ < SI < -3$℃	有发生强雷暴的可能性;
$SI < -6$℃	有发生严重对流天气的危险。

⑥对流有效位能 $CAPE$:即气块在给定环境中绝热上升时的正浮力所产生能量的垂直积

分。在 $T\text{-}\ln p$ 图上，$CAPE$ 正比于气块上升曲线和环境温度曲线从自由对流高度(LFC)至平衡高度(ELC)所围成的正面积区域(J/kg)。

3.1.2　强对流天气预测预报的物理参数阈值

上述基本物理参数是对流天气监测预报业务中，判断对流天气发生发展的重要依据，但是不同的区域，各种物理参数的阈值有所不同。2010 年天津市气象局易笑园等，在强对流天气的研究中对各项预警指标给予了总结，给出了强对流天气的阈值参考指标(表 3.1)。

表 3.1　强对流天气的参考指标

热力对流参数		动力参数	
K 指数	$\geqslant30℃$	抬升指数 LI	$\leqslant-3$
沙氏指数 SI	$\leqslant-1℃$	θ_{e700}	$\geqslant325$
对流有效位能 $CAPE$	$\geqslant400$ J/kg	潜在性能稳定度指数	$\geqslant0$
对流稳定度指数 IC	$\geqslant0℃$	风切变(250 hPa$-$850 hPa)/s	$\geqslant2.5\times10^{-3}/s$
$T_{850}-T_{500}$	$\geqslant25℃$	风切变 $shear$	$\geqslant30$
总指数 TT	$\geqslant50℃$	$T_{850}-T_{d850}$	$\leqslant4℃$
风暴相对环境螺旋度 $SREH$	$\geqslant70$ m²·s⁻²	强天气威胁指数($SWEAT$)	300 左右

3.2　闪电监测系统工作原理

闪电定位仪是指利用闪电回击辐射的声、光、电磁场特性来遥测闪电回击放电参数的一种自动化探测设备，是一种探测闪电发生的强度、方向、频率及其变化的仪器。通常闪电定位采用不小于三站的资料加以定位，经过闪电定位探头测量、主机计算，最后确定闪电的时间、位置、强度、正负电流等雷电基本参数。

目前，我国气象部门的雷电探测系统多采用到达时间法(时差法)和定向时差法对雷电进行定位，其监测的雷电参数主要包括雷电闪击的时间、经度、纬度、雷电流强度、陡度、误差、定位方式、定位区域等。

3.2.1　ADTD 闪电定位系统的基本构成

ADTD 闪电定位仪也是气象部门使用较多的闪电监测系统，其主要由 ADTD 雷电探测仪、中心数据处理站、用户数据服务网络、图形显示终端组成。中心数据处理站经通信通道与各测点探头相连(两个以上的探头方可组成一个探测系统)，对接收到的闪电回击资料实时进行交汇处理，给出每个闪电回击的准确位置、强度等参数，由其图形显示终端设备随时存储、显示、处理，再通过数据服务网络或设置多个图形显示终端，工作原理图见图 3.1。为提高监测精度，可缩短站点的距离，

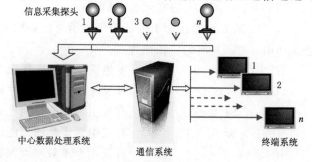

图 3.1　闪电定位仪工作原理图

通常设置为 150～180 km 为最佳距离。

3.2.2　大气电场测量仪工作原理简介

大气电场仪是测量大气静电电场及其变化的设备,其目的是监测雷电活动时近地面电场的变化情况,预报雷电变化情况,监测及预报静电电荷的累积量,监测大气电场强度与极性的变化。

旋转式地面电场仪是测量大气电场强度和极性的变化,对局部地区潜在的雷暴活动及静电感应危险发出报警。

单台电场仪可对以测站为中心,在半径 16 km 范围内对潜在雷暴活动做出预警,并可监测闪电强度和闪电的次数。

3.2.3　闪电定位仪显示平台

(1)雷电资料显示平台

不同的闪电监测系统具有不同的显示平台,现以山东省气象部门雷电监测系统为例,介绍雷电资料显示平台。雷电资料多来自内部网址查询,根据该系统的网址路径进入"山东省气象预警预报业务平台"(如图 3.2),在该平台下进入"雷电监测"目录,点击该目录,则出现图 3.3 接口。

图 3.2　雷电监测进入路径示意图

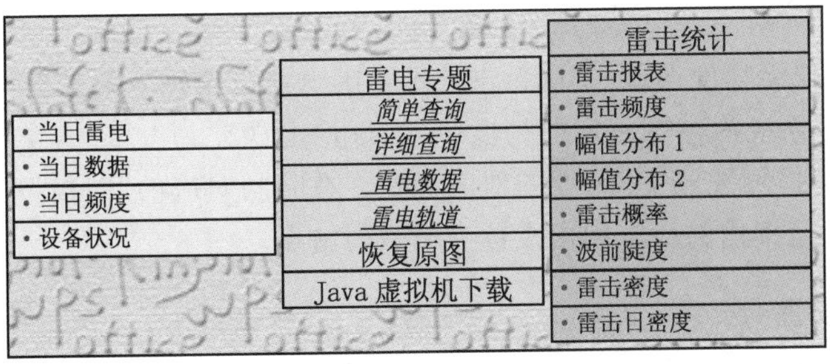

图 3.3　数据目录图

根据需要进行资料的查询,主目录有:当日雷电、当日数据、当日频度、设备状态。

(2)闪电定位仪的基本监测资料

查询雷电闪击资料时,可自"雷电数据"目录下进入,可查询的数据包括时间、经度、纬度、电流强度、闪电类型、回击序号、雷电流上升陡度、误差椭圆长轴、误差椭圆短轴、椭圆长轴倾角、原始资料总个数、探头 1、探头 2、探头 3、探头 4(见表 3.2)。

表 3.2 山东省雷电探测仪 5 月 28 日采集的部分雷电数据

编号	GPS 时间 (时:分:秒)	经度 (°E)	纬度 (°N)	电流强度 (kA)	闪电类型	回击序号	雷电流上升陡度 (kA/μs)	误差椭圆长轴	误差椭圆短轴	椭圆长轴倾角	原始数据总个数	探头1	探头2	探头3	探头4
1	00:04:12.791	122.84331	36.328206	−34.42936	0	1	1.841142	3195.906	441.1017	151.0159	5	8	9	11	0
2	00:12:19.598	124.49097	37.279811	−32.60422	0	1	3.791188	11939.27	1114.598	4.123397	4	9	7	10	0
3	00:38:56.879	120.30254	37.580531	−2.80503	0	1	0.8765718	361.4392	151.4727	142.2422	3	9	10	7	0
4	00:49:47.054	117.77584	34.588331	−12.38226	0	1	1.474079	390.2045	183.3672	28.51762	10	4	3	6	0
5	00:55:59.582	117.44132	34.248250	−14.5472	0	1	0.7201585	1391.171	210.8459	72.06635	6	4	3	1	0

3.3 雷电资料的查询方法

雷击事故调查中,主要调查闪电定位仪中的闪电闪击时间、地点、雷电流强度。

3.3.1 时间查询要求

雷击事故时间实际就是雷电的闪击时间,但是实际调查雷击事故出现的时间多为秒级计量单位,而雷电的闪击时间为毫秒(ms)、微秒(μs)计量,由于时间计量单位的差别,该时间段可能有多处对地闪击发生,因此无论实际受损时间对应多少次雷电对地闪击,皆作为该次事故的疑似闪击(如表 3.3)。

表 3.3 2011 年 5 月 18 日 12—16 时莒县境内闪电数据统计表(部分数据)

序	时间 (时:分:秒)	经度(°E)	纬度(°N)	雷电流(kA)
1	00:12:41.231	118.12866	36.104550	−17.87221
2	00:12:41.265	118.00145	36.090862	−14.17405

3.3.2 地点查询要求

假如闪电定位仪无精度误差,实际雷击点即是闪电定位仪感应记录点,但是我国目前使用的 ADTD 闪电定位系统尚存在一定的精度误差,理论上误差为 300 m,实际雷击点与监测系统雷击点对应调查时,可按照 1 km 误差对应确定。在时间对应的“时段”内,以实际闪击点为中心,半径 1 km 的范围内的所有闪击点皆为疑似闪击点。

3.3.3 雷电流强度查询要求

雷电流强度的调查办法,可依据闪电定位仪的雷击点确定,当按照“地点查询”办法确定在半径 1 km 的范围内只有一个雷击点对应时,该闪电定位仪雷击点即是实际雷击点,其对应的雷电流强度即是闪击点的雷电流。当在该半径范围内有多个雷击点与实际雷击点相对应时,应利用附录 8 进行雷击点及雷击点电流强度的确定。

第4章　雷电危害的调查鉴定项目与程序

雷击事故调查是鉴定的前提,科学的调查方法、项目与程序是正确鉴定的基础。

本章主要介绍雷击事故的调查项目、调查程序,雷击事故的灾情调查及雷电破坏效应的判别方法,雷击事故的鉴定方法与基本要求。

4.1　雷击事故调查项目与程序

雷电灾害调查程序是正确鉴定结果的基础,而科学的调查项目又是鉴定的根本依据。雷电灾害调查程序包括:接受委托(委托立案)、成立雷电灾害调查组(委托相关人员进行雷电灾害调查鉴定)、制定调查计划、实施调查、对事故进行分析并出具鉴定结果、编写调查鉴定报告、资料归档。

4.1.1　委托立案

(1)受理建档方法

县级以上气象主管机构接到雷击事故报案后,填写委托调查鉴定申请,建立委托调查申请书。申请委托书基本内容如下:

①申请人基本情况:申请人的身份(政府、单位、个人、媒体、司法、其他)、申请时间、联系方式、联系单位(地址);

②受灾单位资料:受灾单位、联系电话;

③灾情记录:根据申请人的报告详细记录雷电事故发生的时间、地点、灾情;

④证据记录:根据申请人提供的线索详细登记事故发生时证人的基本情况,包括证人姓名、联系方式、身份证号码、地址等(见附表3.1)。

(2)立案方法

对已申请的雷电危害事故进行登记,并报请气象主管机构主要负责人批示,经批准同意后进行立案。

(3)委托调查鉴定方法

气象主管机构立案后立即组织实施雷电灾害调查鉴定工作,委托具有鉴定资质的雷电灾害调查鉴定委员会实施调查鉴定工作,根据雷电危害对象特点,雷电调查鉴定委员会组织相关技术人员实施调查鉴定工作。每次调查时,调查组成员宜3人以上,不得低于2人。气象主管机构组织调查时,应详细填写如下资料:

①申请单位、时间、案情、调查鉴定目的;

②调查组成员姓名、年龄、职称、身份证号码等有关资料与分工情况;

③雷电鉴定委员会负责人的批示(见附表3.2)。

4.1.2　基本资料调查

调查组根据雷电灾害的危害情况,本着科学、快速、高效、公正的原则实施事故调查。调查的方法包括资料查询、证人询问、现场勘查。

对与本次雷电灾害有关的资料进行调查,调查资料包括气象资料、大气电场资料、地理环境资料(见附表 3.3)。

(1)气象资料的调查方法

①查询雷电灾害发生地气象台(站)的地面观测资料。包括:第一、成灾雷电发生的起止时间、移动路径;第二、事故时段的风向、风速、降水量、云状;第三、气象台(站)与雷击事故点的水平距离、方位、气象观测人员的气象日记等。

②调查气象卫星云图、天气雷达回波资料。

③调查闪电监测定位系统的资料,包括成灾闪电发生的时间、位置、强度、极性等。

④调查大气电场仪记录的电场强度、电场变化曲线、电场分布曲线、电荷分布的位置等资料。

⑤查询其他雷电探测资料。

(2)雷击事故发生的时间、地点调查方法

①灾情时间调查。当受灾者无法确定受灾时间时,应根据发现者的记忆确定时间;当成灾电子电气设备受损时,同时影响其他设备的正常运转,可根据受影响时间推算;有时间记载的设备,可根据设备自身的运行记录确定;具有监控系统的设备受损时,可根据监控资料确定成灾时间。

②事故地点调查。利用经纬仪进行实地测量,测量经纬度时,其精度应尽量与闪电定位仪精确度保持一致。

(3)环境调查方法

①调查事发地及周围山脉、水体、植被的分布状况等自然环境状况;

②调查事发地及周围主要建筑物分布状况,以及电源线路、通信线路、金属管线、轨道等金属体的设置情况;

③调查事发地地质状况,包括:土质、地下矿藏、地下水等;

④调查事发地影响电磁环境的因素,主要包括:建筑物屋顶材质、无线电接收发射天线、地面覆盖铁质或其他金属材料、送变电设施等;

⑤调查事发地周围大气烟尘等现实状况。

(4)历史资料调查方法

①调查事发地及附近半径 1 km 范围内历史雷电灾害情况;

②调查事发地的建(构)筑物及相关设施等变迁情况。

4.1.3　证人调查取证

调查灾情发生时,目击灾情发生过程的现场证人,调查的内容如下:

①证人的基本情况(姓名、年龄、身份证、健康状况、职业、学历等);

②事故发生时雷电闪击情况、闪击时间、闪击点、受灾物体(人体)受灾时的位置、危害方式、基本灾情。

笔录完成后应让证人详细查看笔录,确定无误后,签署"记录属实"及证人姓名。

4.1.4　事故现场勘查

(1)雷电危害建(构)筑物及设备的现场勘查项目与要求

1)雷电危害建(构)筑物防雷装置的检查、测试与计算(见附表 3.4)

①检查接闪器、引下线、接地装置,查验防雷装置检测报告,查找雷击点和雷击痕迹;

②检查防侧击雷装置现状;

③测量接地电阻、防雷装置连接处的过渡电阻;

④计算接闪器的保护范围。

2)雷电危害建(构)筑物内部设施时,防雷装置的检查、测试与计算(见附表 3.5)

①调查共地系统、总等电位连接母排的材料与规格,进入机房的所有金属构件的等电位连接情况;

②测量预留等电位连接接地端子的接地电阻,测量所有进入建筑物的线缆屏蔽金属管及铠装电缆屏蔽层与共地系统的等电位连接电阻,测量设备金属外壳、等电位连接、接地及设备之间等电位连接过渡电阻;

③检查机房屏蔽材料、规格、过渡电阻、各种电缆的屏蔽情况;

④检查电涌保护器(SPD)的安装级数、位置、基本参数、连接导线的材料与规格及长度,查看其外观,检查其状态显示窗、指示灯的现状,查看 SPD 前端空气开关或熔断器的现状;

⑤调查建筑物室内外电子电气设备的安装位置、电缆的设置方式、低压配电线路的接地制式、综合布线。

3)受损物体的基本情况调查(见附表 3.5)

①调查雷电损坏物体的基本情况,包括其在设备中具体位置、连接导线的具体功能;

②调查与受损设备连接的所有导线现状,包括电源线路、信号线路、接地线、其他金属构件,检查受损设备的连接导线熔珠、熔痕情况,并提取样品留作检查;

③调查受损设备(物体)与附近金属柱筋或者外来金属构件的距离;

④使用照相机拍摄雷击受损物体的损坏情况,绘制受损物体状况图,包括受损物体的连接导线情况、受损物体与附近金属构件的距离及连接情况。

(2)人体(或其他生命体)雷电灾害事故现场勘查

1)雷击事故现场位于建(构)筑物内部时的勘查要求(见附表 3.6)

①检查建(构)筑物损坏情况,包括损坏的位置、破损面积、破损点的受损原因(烧融或击损)、金属构件受损点的熔珠及熔痕状况;

②检查人体(或者其他生命体)受害时的位置,距离门窗、柱筋、金属管道、其他金属构件的间距;

③查看人体(或者其他生命体)的受灾情况,包括皮肤颜色与烧灼程度、外表及衣着损坏情况、内脏受损情况(医学解剖);

④使用相机拍摄现场状况,绘制人体(或者其他生命体)受害状况及与周边金属构件关系图。

2)雷击事故现场位于室外时的勘查要求(见附表 3.6)

①调查人体(或者其他生命体)受害地点的地理、地质状况,周边环境的地表状况;

②检测人体(或者其他生命体)与周边环境高层建(构)筑物或者树木的间距；

③查看人体(或者其他生命体)的灾情,包括皮肤颜色与烧灼程度、外表及衣着受损情况、内脏受损情况(医学解剖)；

④使用相机拍摄现场状况,绘制人体(或者其他生命体)受害状况及与周边金属构件或者高大树木的关系图。

4.2　雷电灾情的调查方法

灾情调查是调查人员利用专业知识对受害方的受害情况进行的综合检查、测量。

根据受灾对象将雷电危害灾情分为四类,分别为人体伤亡(或者动物伤亡)、电器设备损坏、金属构件破损、树木损坏。

根据雷电产生的破坏效应将灾情分为雷电热效应危害、雷电机械效应危害、雷电电磁脉冲危害、雷电感应(电磁感应、静电感应)危害、雷电冲击波危害、雷电反击及高电压危害等六类。

前者是结果,后者是原因,雷击事故的调查就是通过灾情调查,确定灾情产生的原因。

常见灾情与雷电破坏作用的关系见表4.1。

表 4.1　常见灾情与雷电破坏作用的关系

项目	人体的伤害	电器设备损坏	金属构件损坏	树木损坏
热效应破坏作用	一般	轻微	严重	严重
机械效应破坏作用	轻微	轻微	严重	一般
雷电感应破坏作用	轻微	严重	轻微	无
电磁脉冲的破坏作用	轻微	严重	无	无
冲击波破坏作用	一般	一般	一般	轻微
雷电反击及高电压引入破坏作用	严重	严重	一般	一般

4.2.1　电子电气设备的雷击灾情调查

(1)调查电子电气设备受损程度,确定危害设备的过电压强度

根据受损设备及周边同一线路及不同线路设备的耐冲击电压能力,确定危害设备的线路过电压。线路中微机、微控设备、弱电设备类似负荷的设备为 1.5 kV 的耐冲击电压能力；家用电器、手提工具和类似负荷的设备为 2.5 kV 的耐冲击电压能力；配电盘,断路器,包括电缆、母线、分线盒、开关、插座等的布线系统,以及应用于工业的设备和永久接至固定装置的固定安装的电动机等的一些其他设备为 4.0 kV 的耐冲击电压；电气计量仪表、一次线过流保护设备、滤波器等设备为 6.0 kV 的耐冲击电压。

根据受损设备的耐冲击电压能力与同一线路未受损设备的耐冲击电压比较,确定过电压范围。

(2)调查设备空间的电磁屏蔽能力,确定雷电危害的路径

调查设备空间的电磁屏蔽的措施及设备的耐磁感应强度,从而判定雷电危害的路径,雷电危害设备的基本路径分为"线路与场路",过电压、过电流通过电源线路危害设备,而电磁辐射则通过场路危害设备。

（3）调查设备的连接线路，确定过电压的来源

检查与受损设备连接的线路及设备受损的部件。受损部件为调制解调器部件时，过电压多来自信号线路，当信号线路的 LPZ0 区线路为光纤时，检查线路的前端设备光端机与室外光纤的连接方式，规范的连接方式是：LPZ0 区的光纤进入设备空间前，其金属外壳及加强筋应于界面处与建筑物的等电位连接带连接，并与光端机绝缘。

设备的变压器受损时，多为电源线路引入过电压。

无论过电压来源于电源线路还是信号线路，电路板皆会受到危害。

（4）调查设备的连接线路在 LPZ0 区的设置方式，确定线路过电压产生的方式

调查与受损设备连接线路在设备空间外的设置方式，检查的长度应不小于 1 km，线路的设置方式分架空与埋地套屏蔽层。

（5）调查受损设备的经纬度与闪电的闪击点的距离关系，确定雷电过电压产生的方式

调查受损设备与雷击点的关系，查询闪电定位仪的闪击资料，确定雷击点与受损设备间的关系，其关系分为：

①雷电闪击与受损设备同一点；

②雷电闪击设备所在空间建筑物；

③雷电闪击设备空间外的其他建筑物；

④雷电闪击与设备连接线路。

4.2.2　建（构）筑物雷击灾情调查

根据附表 3.5 和附表 3.6 提供的调查资料，分析雷电的危害效应。

雷电对建（构）筑物的破坏作用主要表现为：雷电的机械效应、雷电的热效应、冲击波危害。

雷电机械效应的破坏作用表现为金属构件的变形，由此造成建筑物混凝土的脱落，金属管道的损坏等灾情。

雷电的热效应主要表现为金属构件的热熔断裂。

雷电冲击波危害主要表现为容器变形、玻璃破碎、墙体破损。

4.2.3　雷电伤害人体（或其他生命体）调查

（1）根据附表 3.6 调查结果，确定危害主体

当人体出现心脏纤维性颤动或者呼吸中枢神经受损的情况时，考虑过电压造成的危害。

当人体等生命体出现肢体受损时，应考虑机械性损坏造成。

当出现内脏破裂出血等灾情时，应考虑冲击波造成损伤。

（2）根据受灾人体（或其他生命体）与周边金属构件的关系图分析，确定过电压的危害方式

人体受到雷电危害时可考虑危害方式为直接雷击、旁侧闪击、接触雷击、跨步电压、冲击波。球闪危害人体时可考虑危害方式为冲击波、高温烧灼。

①人体处于 LPZ0 区时，其主要的雷电危害方式如下：

当人体处于室外时应考虑受到危害的方式为直接雷击、旁侧闪击、接触雷击、跨步电压、冲击波、高温烧灼。

当人体（或其他生命体）手部出现（或者身体的其他部位）明显的焦灼现象，并且事故地点为建筑物的泄流通道或者其他泄流通道处，应考虑为接触雷击（或者旁侧闪击）造成的危害。

当人体(或其他生命体)处于突起位置或者旷野中,且周边没有高于自身的金属构件或者高大树木,其较高部位具有明显的击穿伤痕,应考虑雷电直接雷击造成的危害。

当人体(或其他生命体)正行走在高大建筑物的引下线、铁塔、大树等各种高大导电体附近,且身体的脚部出现伤痕,应考虑雷电跨步电压造成的危害。

当人体(或其他生命体)处于雷电泄流通道附近,或者其附近发生球闪爆炸时,人体(或者其他生命体)皆会出现冲击波的危害。

雷电直接流经人体或者其他生命体,其表层毛细血管出现炭化现象,洁白皮肤上沿血管突现各种图形。

②雷电过电压对室内人体及其他生命体的危害方式:

当人体处于室内时,应考虑人体受到危害的方式为接触雷击。

自室外引入建筑物内部的金属构件,在人体接触其终端时(电话线路等信号线路),出现的雷电伤害为接触雷击。

4.2.4　雷电流危害主体的确定方法

调查事故的金属构件,通过检查受损部位的金相情况,测量受损部位的剩磁量,来判定形成事故的危害主体。

(1)雷击点的熔痕金相调查

雷电闪击金属构件时,其热量来源于金属构件的外部,熔痕表现如下:

①金相组织被很多气孔分割,出现较多粗大的柱状晶或粗大晶界;

②熔珠金相磨面内部气孔多而大,且不规整;

③熔珠与导线衔接处的过渡区界限不太明显;

④熔珠晶界较粗大,空洞周围的铜和氧化亚铜共晶体较多,而且较明显;

⑤熔珠空洞周围及洞壁呈鲜红色、橘红色。

(2)剩磁量调查

利用剩磁量测量仪,按照"剩磁法"测量受损点及其周围金属构件的剩磁量,当受损金属构件的剩磁量大于 1.0 mT、附近金属构件剩磁量较受损点略大、并且随距离逐渐减小时,确定该金属构件具有交流过电压存在。

4.3　雷电破坏效应的危害表现

通过对现场勘查、灾情调查,初步确定成灾雷电的危害效应类型,即雷电危害事故调查中"质"的确定。产生危害的雷电流强度、成灾路径等成灾因素的计算确定方法,即雷电危害事故中"量"的确定方法,在以后章节详细介绍,只有质与量的有机结合方可完成雷击事故的鉴定。

4.3.1　雷电危害电子电气设备的表现情况

雷电危害电子电气设备的主要方式主要有雷电感应造成的危害、电磁脉冲造成的危害、雷电反击及高电压引入造成的危害。

(1)电子电气设备遭受雷电感应危害的表现情况

①同一线路中,耐冲击电压能力相同或者低于本设备的其他设备出现损坏;

②不相连接的多个 LPZn($n \geqslant 0$)空间设备皆出现损坏现象；

③设备空间建筑物的接闪器、引下线剩磁量小于 1.0 mT；

④引入设备的电源、信号线路存有较高的剩磁量($\geqslant 1.0$ mT)；

⑤电网供电正常；

⑥连接受损设备的架空线路,在 1000 m 内处于周边建(构)筑物防雷设施的保护范围。

(2)电子电气设备遭受雷电电磁脉冲危害的表现情况

①同一线路中,不同设备空间的损坏情况不同；

②同一设备空间,耐磁感应强度不同的设备损坏程度不同；

③设备空间建筑物的接闪器、引下线剩磁量小于 1.0 mT；

④引入设备的电源、信号线路的剩磁量小于 1.0 mT；

⑤电网供电正常；

⑥设备空间的屏蔽措施较周边的设备空间差。

(3)高电压引入危害电子电气设备的表现情况

①同一线路中,耐冲击电压能力相同或者低于本设备的其他设备出现损坏；

②不相连接的多个 LPZn($n \geqslant 0$)空间设备皆出现损坏现象；

③设备空间建筑物的接闪器、引下线剩磁量小于 1.0 mT；

④引入设备的电源、信号线路存有较高的剩磁量($\geqslant 1.0$ mT)；

⑤电网供电正常；

⑥受损设备周边 1000 m 内的架空线路处于 LPZ0 空间。

(4)雷电反击危害电子电气设备的表现情况

①受损设备连接线路的剩磁量,表现为受损设备附近出现局部较高现象,随距离增远逐渐变小；

②同一线路中,较远位置的相同耐冲击电压能力的其他设备未遭受危害；

③受损设备连接线路周边与防雷装置连接的金属构件或者其他金属线路的剩磁量大于 1.0 mT；

④电网供电正常。

4.3.2　雷电危害建(构)筑物的表现情况

雷电危害建(构)筑物的主要方式主要有雷电机械效应的危害、雷电热效应的危害、雷电冲击波的危害。

(1)雷电机械效应危害建(构)筑物的表现情况

①受危害的金属构件为一体时,自身的剩磁量大于 1.0 mT；

②受危害的金属构件为异体时,其一体的剩磁量大于 1.0 mT,另一金属构件应为载流导体；

③周边供电线路无接触现象；

④无人为外力作用；

⑤无机械碰撞痕迹。

(2)雷电热效应危害建(构)筑物的表现情况

①受危害金属构件的剩磁量大于 1.0 mT；

②受损点的金相表现为一次短路痕迹或者二次短路痕迹；

③无人为电气冲击。

(3)雷电冲击波危害建(构)筑物的表现情况

①受损点无炸药爆炸痕迹；

②正对面金属构件的剩磁量大于 1.0 mT；

③无外力机械撞击。

4.3.3　雷电危害人体的表现情况

(1)当受害人体周围无高大物体时,人体易遭受直接雷击,其表现特点如下：

①死亡的人体表皮部分呈现紫红色,部分肢体表皮破裂,周身出现血管炭化纹迹,人体的手部或者头部(人体顶部)出现破裂或者烧焦痕迹；

②伤亡人体周边导体的剩磁量大于 1.0 mT；

③法医鉴定结果为：人体出现心脏纤维性颤动或者呼吸中枢神经受损；

④灾情地点为周边较高位置或凸起点,当附近具有较高物体时,其防雷设施按照滚球半径计算,对人体受害点不能实施保护。

(2)当受害人体周边具有建筑物引下线、大树、铁塔等较高物体时,人体易遭受接触雷击、旁侧闪击、跨步电压,其表现特点如下：

①死亡的人体表皮部分呈现紫红色,部分肢体表皮破裂,周身出现血管炭化纹迹；

②伤亡人体周边导体的剩磁量大于 1.0 mT；

③法医鉴定结果为：人体出现心脏纤维性颤动或者呼吸中枢神经受损；

④根据其生前的位置判定,当人体处于泄流导体附近(根据双脚位置判定),且人体的手部或者头部出现破裂或者烧焦痕迹,此时可判定人体遭受雷电接触雷击；

⑤根据其生前的位置判定,当人体处于泄流导体附近(根据双脚位置判定),且人体的随处一点出现破裂或者烧焦痕迹,此时可判定人体遭受雷电旁侧闪击；

⑥根据其生前的位置判定,当人体处于泄流导体附近(根据双脚位置判定),且人体双脚分开,并且与泄流通道呈现前行(同向或者反向)姿态,此时可判定人体遭受跨步电压雷击。

(3)当人体处于具有钢筋混凝土建筑物内时,人体易遭受旁侧闪击,其表现特点如下：

①死亡的人体表皮部分呈现紫红色,部分肢体表皮破裂,周身出现血管炭化纹迹；

②伤亡人体天面导体的剩磁量大于 1.0 mT；

③法医鉴定结果为：人体出现心脏纤维性颤动或者呼吸中枢神经受损；

④人体的头部出现破裂迹象。

4.4　雷击事故鉴定因子

雷击事故调查鉴定,就是调查人员利用雷电知识及实践经验对调查数据进行综合分析,然后做出结论的过程,它包括：事故危害因子定性、雷电类型判定、雷电危害效应类型确定、雷电流成灾过程分析、雷击事故定性等。

4.4.1　事故危害因子定性

事故危害因子定性,是指通过资料调查判定本次事故产生的直接原因。雷击事故定性须从四个方面进行分析:第一、通过地理环境、地质状况调查,利用"滚球半径"的定义理论,结合地理、地质状况对落雷概率的影响,分析事故点落雷的概率;第二、通过查阅气象数据云地闪电的生成时间与方向,确定事故点是否具备落雷天气条件;第三、通过证人调查确定实际落雷情况;第四、通过雷击点的状况了解实际落雷情况。通过上述四点确定该次事故是否为雷电所为。

4.4.2　雷电类型判定

雷电类型判定是雷击事故鉴定的首要目的,也是责任定性的根本依据。根据雷电产生危害时与雷击点的关系、雷电的危害方式及因雷击引起的法律后果,将地面常见产生危害的雷电分为:直击雷、雷电感应(电磁感应、静电感应、引入高电压、雷电反击)、球状闪电。根据表 4.2中各类型雷电危害作用、危害方式、危害区域等特征,使用综合分析法判定造成事故的闪电类型。如利用危害区域的不同排除了 LPZn($n \geqslant 1$)区内直击雷危害的可能;利用直接雷击、感应雷击、引入高电压的危害皆表现脉冲高电流(电压)的危害特点,排除球闪的危害(林建民,2004)。

表 4.2　各种雷电危害特征统计表

雷电危害特点	直击雷	雷电感应			球状闪电
		电磁感应	引入高电压	雷电反击	
产生危害的区域	LPZ0	LPZ0、LPZn			LPZ0、LPZn
危害作用形式	脉冲电流(电压)				高温能量体
危害作用时间	几 $\mu s \sim$ 十几 μs				4～5 s
雷击点与受害点关系	同一体	异体	同体不同点	异体异点	同一体
传导媒介	大气	导体	导体	大气等绝缘体	大气
危害形式	机械性毁坏	闪击火灾、高温烧坏			爆炸冲击破坏
	高温烧坏	高温烧坏			高温烧坏
	冲击破坏	—			—

4.4.3　雷电危害效应类型确定

根据雷电效应的破坏作用在不同材料、环境中的表现特点,综合分析受害物体的受害外因、内因。受害物体的受害外因即雷电的破坏效应,其内因是受害物体自身的耐冲击能力及环境、结构特点。分析时要有坚实的理论支持,力求科学、全面,在分析受害程度时要争取以精确的计算数值为依据,对雷击点、周围环境的危害进行外因危害分析。在内因分析时,要充分考虑受害物体的耐冲击能力、耐磁感应强度能力。如双绞线的耐冲击电压为 4.0 kV,电视机为2.5 kV,微机仅为 1.5 kV,因此微机较其他日用电器易雷击。其次,要考虑受灾位置的结构特点、击穿强度,如雷电流(大于 100 mA/s)危害人体时,造成大脑的呼吸中枢神经受损或心脏纤维性颤动,若心脏后移破裂,则应考虑冲击波的破坏作用。

4.4.4　雷电流成灾过程分析

吻合分析首先是利用受害的位置、受害程度对事故雷电类型的回归检验。假设雷电类型判定正确，那么其调查的闪击点、危害路径、事故危害特征皆应符合该类雷电的特征。如球闪高温危害人体时，其闪击点为伤害的首部，危害为局部明显烧伤，而线状闪电则不同，其初次较强雷电危害大脑或心脏出现纤维性颤动，后续雷电因集肤效应均匀表现毛细血管炭化。其次是利用周围环境物体受害程度对雷电危害路径的检验，依据雷电危害路径及雷击事故环境中受害物与非受害物的击穿强度，求取造成危害的电压范围，将该电压范围与它们的耐冲击电压对比分析，若一致，证明雷电危害路径判定正确。

4.4.5　雷击事故定性

雷击事故定性是事故责任的认定依据，是指对事故产生的外在原因定性，事故产生的常见原因包括自然因素、设计缺陷因素、安装人为因素、管理缺失因素等四个方面。

（1）自然因素造成的非责任雷击事故

由于不可抗拒的因素造成的雷击事故，如球状闪电造成的雷击事故，由于目前尚不明确其结构成分，因此无法采取防护措施。一、二、三类防雷建（构）筑物外的建筑物遭受雷击，因无规范要求，而未采取防雷措施。

（2）设计缺陷因素造成的责任性雷击事故

因应当设计而未设计防雷设施的建（构）筑物遭受雷击，或者设计接闪器未能达到规范要求，其高度不能有效保护受保护物体而造成雷击事故，或者综合布线未达到规范要求而出现雷击事故。

（3）安装人为因素造成的责任性雷击事故

由于安装人员的技术不规范或者重视程度不够，而人为造成应该安装的防雷设施未安装或安装的防雷设施不符合设计要求，由此造成的雷击事故。

（4）管理缺失因素造成的责任性雷击事故

因防雷设施年久失修或者管理不善等其他原因，造成正在使用的防雷设施断裂、变形、遗失，而无法达到防雷的目的。

第 5 章　雷电流热效应的危害特点与鉴定方法

雷电对地闪击放电时,强大的雷电流将自雷击点流经闪击物体并泄放大地,经雷电研究人员研究统计,一次云地闪电的雷电流幅值高达数十至数百千安(雷电流峰值多为 20～50 kA,200 kA 以上的较为少见),雷电流峰值时间通常为零点几微秒到十几微秒,根据焦耳定律可知,一次闪击的雷电流在雷击点产生的温升高达 6000～10000 ℃,甚至更高。该温升产生的热量能够使金属熔化、树木爆裂燃烧。

雷电热效应将会造成金属构件的烧熔、通电线路的短路(或者断路)、电子电气设备烧坏、较大树木的炸裂(电流较大时,将会出现焚烧)。根据雷电热效应破坏作用的这一特点,研究确定了雷电流危害金属构件(通电导体)、电子电气设备及较大树木的鉴定方法。

本章所介绍的雷电危害的鉴定,仅限于直接雷击并且由雷电热效应造成的危害事故。

5.1　雷电流热效应危害金属构件的特点

雷电流通过金属构件时产生较大的热量,从而造成金属构件短时急剧温升,截面积较大的金属构件可以将此热量散失,但是截面积较小的金属构件或者熔点较低的铝材与铜材就会出现熔化现象。常见金属体的熔点见表 5.1。

表 5.1　常见金属导体的熔点(℃)

名称	钨	铁	钢	铜	金	铝	镁
熔点	3431	1535	1515	1083	1064	660	648.8

通常的载流导体多为铝质或者铜质材料,而铜、铝等金属导线无论是火灾热熔化还是短路电弧高温熔化,除全部烧失外,一般均能查找到残留熔痕(尤其是铜导线),其熔痕外观仍具有能代表当时环境气氛的特征。

5.1.1　金属导体内部热熔(雷电流热效应)与外部热熔的表现特点

根据造成金属物体熔化的热量来源,将金属导线的短路划分为一次短路和二次短路,一次短路是由于导线内部高电流温升造成,二次短路是指外部高温造成导线熔断。由此将短路熔痕分为一次短路熔痕与二次短路熔痕,无论一次短路还是二次短路,金属导线皆可伴有电流通过,金属线路一次短路熔痕和二次短路熔痕同属于瞬间电弧高温熔化,具有冷却速度快,熔化范围小的特点,但不同的是前者短路发生在正常环境气氛中,后者短路发生在烟火与温度的气氛中,而通常被火灾热量熔化的痕迹,其时间、温度又均与一次短路不同,它具有温度持续时间长,火烧范围大,熔化温度低于一次短路电弧温度。虽然都属于熔化,但由于不同的环境气氛参与了熔痕形成的全过程,所以保留了熔痕形成时的各自特征,其呈现的金相组织亦有各不相同的特点。一次短路熔痕的热量主要来自导体内部电流导致的温升,我们把雷电流热效应造成的金属熔痕特点归结为该类短路熔痕,根据该特点对铜、铝等金属导体进行雷电热效应的危害鉴定。

5.1.2 内部热熔与外部热熔的熔痕表现特点

由于电压升高造成导体内部热量聚升导致导体熔化时,金相组织表现为呈细小的胞状晶或柱状晶;金相磨面表现为内部气孔小而较少、并较整齐;过渡界限表现为短路熔珠与导线衔接处的过渡区界限明显;熔珠晶界表现为熔珠晶界较细,空洞周围的铜和氧化亚铜共晶体较少、不太明显;空洞周围及洞壁的颜色表现为在偏光镜下观察时,短路熔珠空洞周围及洞壁的颜色不明显。

当熔化金属导体的热量来自导体的外部时,金属熔痕表现为:金相组织被很多气孔分割,出现较多粗大的柱状晶或粗大晶界;金相磨面内部气孔多而大,且不规整;过渡界限表现为短路熔珠金相磨面内部气孔多而大,且不规整;熔珠晶界较粗大,空洞周围的铜和氧化亚铜共晶体较多,而且比较明显;空洞周围及洞壁的颜色呈鲜红色、橘红色。

5.2　常见金属构件熔痕分类及其表现特点

各种电器或者导线在受到雷电过电压及操作过电压时,皆会出现熔痕现象,而各种外部热量也会导致金属构件的熔化,表现出不同的熔痕。

电机遭受雷电闪击后,其绝缘层出现融化现象(如图 5.1)。

雷电闪击载流导体,造成空调设备损坏时,无论分体式空调器室内机组合室外机组哪一处发生故障,可以使另一处部位发生火灾,空调遥控接收装置在空调待机时可以发生火灾。如湖南一起宾馆,由于室外机组压缩机结点接触不良,引发室内机组着火(如图 5.2)。

绝缘击穿痕迹

图 5.1　过电压击穿电机痕迹

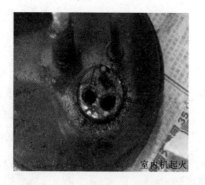

室内机起火

压缩机绕组起火

图 5.2　空调机雷电起火

5.2.1　常见熔痕的分类

电气设备出现火灾现象时,其基本原因有两个方面,其一为电热作用造成的火灾,其二为非电热作用造成的火灾。因此,根据起火原因将熔痕分为两类,即电热作用熔痕与非电热作用熔痕。熔痕的具体分类见图 5.3。

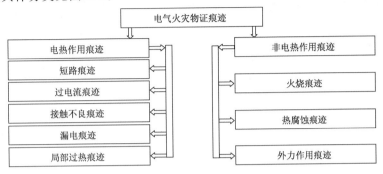

图 5.3　熔痕分类图示

5.2.2　电热作用熔痕表现特点

(1)短路痕迹特点

①熔痕(熔化部位)与基体(导线本体)界线清楚,有明显的过渡区。

②铜导线熔痕表面光亮,有明显的金属光泽;铝导线熔痕表面有氧化膜、麻点和毛刺。铜导线一次短路的熔珠直径是导线直径的 1～2 倍,铝导线熔珠直径是其线径的 1～3 倍。

二次短路的铜导线熔珠直径相对大于一次短路熔珠,小于火烧形成的熔珠,表面有微小凹坑、光泽差,铝导线熔珠有小凹坑、裂纹及塌陷现象,端部夹杂褐色碳化物。

③熔痕整体表面光滑,无明显的流淌现象,在过渡区附近有金属堆积现象。

④多股导线,在端部形成熔痕,过渡区较明显,熔痕(熔珠)与导线连接处无熔化粘连现象,为一次短路。当多股导线熔珠熔化在一起,无法分离时,为二次短路。

⑤短路熔痕在一根导线或另一导体上存在对应点;

⑥短路过程可以使金属发生喷溅,形成比较规则的金属小熔珠,且熔珠分布面较广(如图 5.4(a)、5.4(b)、5.4(c)、5.4(d)、5.4(e)、5.4(f))。

图 5.4(a)　单股连接导线连接点短路熔痕特点

图 5.4(b)　绝缘导线短路熔痕特点

图 5.4(c)　单股连接导线短路熔痕特点

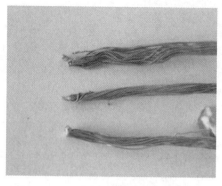

图 5.4(d)　多股连接导线短路熔痕特点

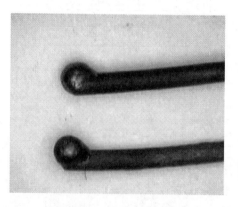

图 5.4(e)　铜导线熔珠特点

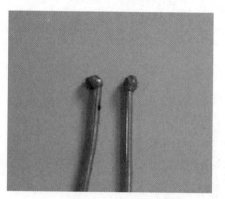

图 5.4(f)　铝导线熔珠特点

(2)过电流痕迹特点

①线芯宏观特征:随着额定电流倍数的增加,导线线芯由有金属光泽向无金属光泽变化,线芯颜色也由原色→浅砖红色→深砖红色→黑色变化,线芯表面绿色或黑色附着物逐渐增多,柔韧性逐渐减弱,5 倍及 5 倍以上额定电流下线芯未熔断处表面局部出现流淌凸起现象(如图5.5(a)、图 5.5(b))。

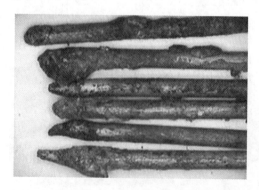

图 5.5(a)　过电流熔断痕迹

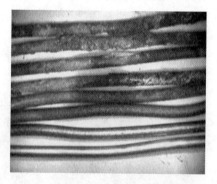

图 5.5(b)　不同强度过电流铜线痕迹

②绝缘层宏观特征:绝缘层炭化后的阻值随温度增加而降低;随着额定电流倍数的增加,导线绝缘层由轻微龟裂炭化、局部破损、部分脱落直至全部脱落,绝缘内层炭化深度逐渐增加,

外层仍部分保留塑料光泽,这些特征与受外温加热的导线有明显的区别。

(3)接触不良痕迹特点

①接头处绝缘烧焦;

②接头处导线局部变色,表面形成有凹痕,严重时有烧蚀痕迹甚至局部熔断;

③接头处垫片、螺杆、螺帽、接线柱等与导线连接处局部变色或有被电弧灼烧痕迹,有孔洞、麻点坑;

④接触不良严重时,接头局部被电弧击断,端部形成熔珠,接头处形成麻点坑和缺口;

⑤接头处被电弧击断,端部形成熔珠;

⑥有金属转移现象(如图 5.6)。

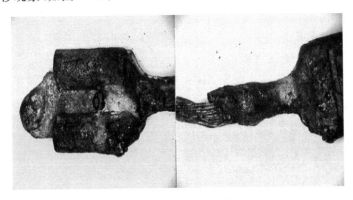

图 5.6　连接插件接触不良的表现特点

(4)漏电痕迹特点

①漏电电流较大,在漏电点处水泥形成黑色玻璃体状熔珠;

②在漏电点处金属构件上发现电熔痕;

③漏电通道上残存电压击穿和明显的热痕迹特征(如图 5.7)。

(5)局部过热痕迹特点

①形成痕迹处较其余部位有明显的高温变色或炭化特征;

②金属痕迹特征可以以短路、接触不良、电弧烧蚀等形式表现;

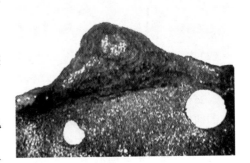

图 5.7　金属构件漏电痕迹表现特点

③一般多发于导线接头、接插件连接部位和各种线圈或绕组的匝间或层间等部位(如图 5.8(a)、5.8(b))。

5.2.3　非电热作用熔痕特点

非电热作用是指由于导线外部原因造成导线的热量升高、熔化,从而表现的熔痕特点。

(1)火烧痕迹特点

①熔化部分与基体(未熔化部分)之间过渡区不明显,基体有退火变软现象;

②熔化部分熔融流淌、堆积,使多处部位变粗或变细,呈现不规则形状;

图 5.8(a)　接插件局部过热的痕迹表现特点　　　图 5.8(b)　线圈局部过热的痕迹表现特点

③熔痕表面光滑,无麻点和小坑;

④形成的熔珠较大,有滴落现象;

⑤导线形成多股熔化成块粘连现象,铝导线易形成干瘪的痕迹(如图 5.9(a)、5.9(b))。

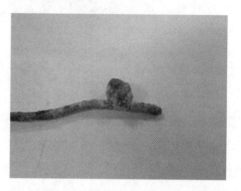

图 5.9(a)　铝导线火烧痕迹的表现特点　　　图 5.9(b)　单股铜导线火烧痕迹表现特点

(2)热腐蚀痕迹特点

①痕迹凹坑与导线基体边缘清晰,没有过渡区;

②整根导线其他部位没有熔化痕迹;

③凹坑表面粗糙、不平整,有金属光泽;

④金相剖面有明显条状过渡区存在,过渡区内部组织为等轴晶或柱状晶;有共晶组织存在,其组织形态与扩散偶两侧基体组织均不相同。

⑤扩散两侧基体均呈现等轴晶(见图 5.10(a)、5.10(b))。

(3)外力作用痕迹特点

①多处凹坑、压痕、弯折、拉伸等多种变形痕迹;

②导体断裂处称为断口,通常情况下断口的表面比较粗糙而且光泽度差;

③塑性断裂在断口前部存在较大的沿应力方向的塑性形变,断口截面较基体截面面积要小;

④脆性断裂的宏观断口面是平坦的,并与应力方向垂直(如图 5.11(a)、5.11(b))。

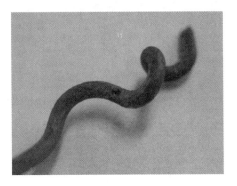

图 5.10　热腐蚀痕迹表现特点

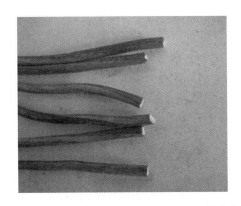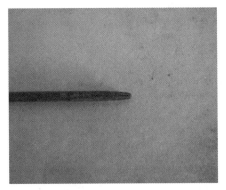

图 5.11　外力作用痕迹表现特点

5.3　雷电流热效应危害金属构件的调查鉴定方法

确定雷电流热效应危害金属构件或者电子电气设备,首先应具备产生危害的主要因子,即雷云对地闪击,其次是受损物体遭受直接雷击,并且通过受损物体的雷电流产生的热量大于该物体的熔点。因此,鉴定金属构件或者电子电气设备遭受雷电流热效应危害时,应确定以下几个因子:

①调查并确定金属构件(设备)受损的时间、地点及灾情;

②调查受损金属构件或电子电气设备周边环境情况;

③确定受损的金属构件或电子电气设备熔痕特点与剩磁量;

④查询并确定金属构件或电子电气设备受损时段内云地闪电基本情况;

⑤调查并确定设备受损时段的供电电网工作状况;

⑥确定雷电闪击点及雷电泄流通道;

⑦确定通过受损的金属构件或电子电气设备的雷电流强度情况;

⑧确定雷电流危害金属构件或电子电气设备时产生的热量。

在第 4 章的有关章节中,介绍了通过灾情分析初步判定事故的成因为雷电热效应所为,是一个质的定性,本章节以理论为依据对雷电的危害路径、雷电流强度、受灾物体的特点、耐受能力等要素进行量的确定。

在上述调查项目中,事故成灾时间、地点及灾情的调查方法、雷电流作用的判定方法,第3章、第4章进行了详细介绍,受损电气设备供电电网工作状况的调查方法将在第13章中介绍,雷击点的调查方法在附录8中予以介绍。现就受损物体的周边状况及与雷电泄流通道的关系、雷电泄流通道的判定、受损物体的过电流情况、受损物体的熔点等情况进行调查,并依据有关理论进行吻合分析,从雷电事故危害的质与量确定事故的危害主体。

5.3.1　受损金属构件或电器设备与周边金属导体关系的调查方法

调查受危害构件或设备与周边金属构件(包括建筑物的金属柱筋)的间距、载流情况及周边金属构件与LPZ0区金属构件的链接关系、设备连接线路的基本情况,以确定受损物体与泄流通道的关系。

(1)调查方法

①可使用测量工具测量受害物体与周边金属构件的间距;

②使用电阻测量设备检测受害物体与周边金属构件的链接关系,电阻较小时可确定为短路,电阻无穷大时可确定为断路;

③电子电气设备连接线路的设置方式,包括设备所处区域(LPZ0区或LPZ1区)、各种连接线路的设置情况(进入设备前屏蔽情况)、线路在LPZ0区的设置情况(架空或者埋地)、线路与防雷设备缠绕情况、线路与防雷设施的间距。

(2)调查结果分析

当雷电闪击点与受危害物体间存在短路关系时,可确定为雷电流生成的高热量,从而造成物体损坏;当雷电闪击点与受危害物体存在断路关系时,可确定与受害物体连接的金属构件因雷电静电感应或电磁感应而产生高电压,其高电流热效应造成设备或金属构件的损坏。

5.3.2　雷电闪击点及雷电流泄流通道的调查方法

雷云对地闪击时存在瞬间的电弧现象,对于载流导体来说具有二次短路特征,根据雷电闪击特点,确定雷击点。

(1)雷击点的调查方法

采用金相综合分析法确定雷电雷击点,采用剩磁分析法确定雷电流泄流通道。根据受损金属构件的使用特性,将金属导体分为载流导体与非载流导体。

1)载流导体雷击点的调查

调查受损设备或者线路的损坏部位,检查与之连接的线路,特别是位于LPZ0区的架空线路,重点调查受损点2 km范围内线路的异常情况。

①雷击点的金相情况

当该处的金相状况表现如下时可以判定为外高温所致,即存在闪击现象,该点可确定为疑似雷击点。金相组织被很多气孔分割,出现较多粗大的柱状晶或粗大晶界;金相磨面内部气孔多而大,且不规则;过渡界限表现为短路熔珠金相磨面内部气孔多而大,且不规则;熔珠晶界较粗大,空洞周围的铜和氧化亚铜共晶体较多且比较明显;空洞周围及洞壁的颜色呈鲜红色、橘红色。

②雷击点的剩磁量情况

剩磁量测量仪检查疑似雷击点及其周边金属构件的剩磁量。当疑似雷击点的剩磁量较大,周边其他线路剩磁量较小,且随距离增大而逐步减小,与疑似雷击点同一线路的两端剩磁量较大,且大于疑似雷击点剩磁量,疑似雷击点及其连接线路的剩磁量大于 1.0 mT。

当疑似雷击点的金相及剩磁量皆符合上述情况时,可确定该处为雷击点。

2)非载流导体雷击点的调查

检查与受损部位连接的金属构件(建(构)筑物自身或者连接的附近建(构)筑物),重点检查处于 LPZ0 区的部分。

①利用金相法检查 LPZ0 区金属构件异常部位

检查处于 LPZ0 区的异常金属构件,当金属构件出现下列表现特点时,可确定具有外部过电压闪击,并确定为疑似雷击点。熔痕表面光滑,无麻点和小坑;形成的熔珠较大,有滴落现象;导线形成多股熔化成块粘连现象,铝导线易形成干瘪的痕迹。如山东莒县"4·7"雷击事故的高压线雷击点,雷击时多股铝线出现粘连现象(如图 5.12)。

②利用剩磁法确定雷击点

利用剩磁量测量仪检测疑似雷击点及其周边的金属构件的剩磁量,当出现

图 5.12　莒县"4·7"雷击事故高压线雷击点

雷击点的剩磁量稍小、周边金属构件剩磁量稍大,且随距离增大逐渐减小趋势时,可认定该处疑似雷击点即为实际雷击点。

(2)雷电泄流通道的调查方法

①当受损点处于载流线路中时,载流线路即是雷电泄流通道。

②当受损点为非载流导体时,应利用剩磁量测量仪测量雷击点至受损点间导体剩磁量的变化趋势,剩磁量的测量方法见附录 5。同时也要利用电阻测量仪对雷击点至受损点间导体进行电阻测量,导体设置方式复杂时可分段测量。

当雷击点至受损点间的过渡电阻趋于零时,可确定该导体无间隙。然后对该导体进行剩磁量检测,当雷击点的剩磁量稍微小于其下端剩磁量,并且自雷击点下端至受损点之间的剩磁量变化较小,当出现较大幅度的波动时,可认为该处为分流点。

雷电流泄流时,垂直泄流通道平面上的剩磁量变化较大,变化趋势为雷击点的剩磁量稍小、周边金属构件剩磁量稍大,且随距离增大逐渐减小,并且各种金属构件的剩磁量有所不同,表 5.2 给出了部分金属构件短路电流与雷电流剩磁量的判定标准。

经上述测量确定的导体,可确定为雷电泄流通道。

表 5.2　部分金属构件剩磁量判定标准(mT)

电流形式	金属构件名称	不可使用值	仅作参考值	可做判定值	备注
50Hz 短路电流	铁锭、铁丝	<0.5	0.5~1.0	>1.0	
	铁管、钢筋	<1.0	1.0~1.5	>1.5	
	杂散铁件	—	—	>1.0	导线附近

续表

电流形式	金属构件名称	不可使用值	仅作参考值	可做判定值	备注
雷电流	接闪器	—	—	0.6～1.0	20 kA 的雷电流通过避雷设施及附近金属
	附近铁件	—	—	2.0～3.0	
	雷电通道铁件	—	—	1.5～10	

5.3.3　受损点处雷电流强度的调查方法

通过调查受损点的雷电流强度,确定该处雷电流产生的热量。

(1)雷电泄流通道的调查方法

雷电流在泄放过程中,其泄流通道产生垂直于泄流通道的电磁场,标准剩磁与雷电流关系:

$$b_r = \frac{\varphi}{n/s} = \frac{i \cdot M}{n/s} = i \cdot \frac{M}{n/s} \qquad (5.1)$$

式中:b_r 为标准剩磁量(mT);

　　　φ 为磁通量(Wb);

　　　n 为线圈匝数(圈);

　　　s 为磁体横截面积($\mathrm{m^2}$);

　　　i 为雷电流(A);

　　　M 为互感系数(H)。

在对同一环境的测试中,式中 M、n、s 相对固定,由式(5.1)可以看出,标准剩磁量与雷电流的关系成正比,当雷电流减小一半时,剩磁量也减少一半,根据此原理可以断定雷电流分支情况。

①载流导体泄流通道的调查。根据雷击点至受损点线路的分支情况确定泄流通道,信号及电源线路的分支多为树枝状分支,因此,确定受损点的泄流通道位置时,只要确定其位于分支的级数即可(如图 5.13)。

图 5.13　载流导体的雷电流通道分支图

②非载流导体泄流通道的调查。可根据实际情况检查受损点至雷击点的实际分支情况,期间含有隐蔽工程时,可利用式(5.1)的原理确定分支级数。

(2)受损点雷电流的确定方法

①当受损物体的链接导体与闪击点导体间电阻接近为零且位于 LPZ0 区时,可确定危害该物体的雷电流为直接闪击雷电流。如高层建筑物天面的通风设备、霓虹灯、电子显示屏等电子电气设备遭受雷击时,其产生雷电热效应的雷电流可为雷击点电流或者按分支级数确定。级数 n 与雷电流 i 的关系:

$$i_n = \frac{i}{2^n} \qquad (5.2)$$

②当受损物体与雷电闪击点直接连接,并且闪击点为建筑物的接闪器时,流经受损物体的

雷电流为：

$$i = kI \tag{5.3}$$

式中：i 为通过受损物体的雷电流(kA)；

　　　k 为分流系数，根据附录 1 求得；

　　　I 为闪击雷电流，根据闪电定位仪查询求得(kA)。

　　③当闪击点为电流或者信号的传输导线时，危害设备的雷电流可根据下式计算求得，无屏蔽时按式(5.4)计算求得，有屏蔽时按式(5.5)计算求得：

$$i = \frac{0.5I}{nm} \tag{5.4}$$

$$i = \frac{0.5IR_S}{n(mR_S + R_C)} \tag{5.5}$$

式中：i 为通过受危害设备的雷电流(kA)；

　　　I 为闪击室外架空导线的雷电流(kA)；

　　　n 为受雷击线路的综合；

　　　m 为每一线路内导体芯线的总根数；

　　　R_S 为屏蔽层每千米的电阻(Ω/km)；

　　　R_C 为芯线每千米的电阻(Ω/km)。

5.3.4　受损处雷电流产生的热量与金属构件熔点的调查方法

　　当通过受损点的雷电流产生的热量达到该处金属熔点，并出现金属熔化时，我们把通过该金属的雷电流称作该金属构件"熔化临界雷电流"，只有通过该金属构件的雷电流大于"熔化电流临界值"时，金属构件或者电子电气设备方可出现损坏。

　　根据焦耳定律原理可知，雷电流在某一导体上产生的热量 W 为：

$$W = R\int_0^t i(t)^2 \, \mathrm{d}t \tag{5.6}$$

式中：W 为雷电流在导体上产生的热量(J)；

　　　R 为雷电流通过导体的电阻(Ω)；

　　　t 为雷电流持续的时间，可取波头时间(μs)，自附表 2.1—2.3 查询；

　　　i 为雷电通道的雷电流(kA)。

　　通过计算，了解雷电流产生的热量，是判定金属构件或者设备损害程度的重要依据，也是受损点状态进行比较的依据。

　　当雷电流产生的热量大于金属物体的熔点(见表 5.1)时，受损点应出现熔化现象，当实际受损点出现熔化时，可认为此受损事故为雷电流热效应所为。

5.3.5　熔化雷电流临界值分析法——雷电流热效应鉴定方法

　　对影响雷电流热效应危害金属构件的主要因子进行调查分析，当调查结果符合下面几个条件时，可确定该次事故为雷电热效应危害所致：

　　①雷电的闪击时间与金属构件的受危害时间吻合；

　　②闪电定位仪的闪击经纬度与受危害金属构件雷击点相吻合(不考虑精度误差)；

　　③雷电闪击点与受损电子电气设备或者金属构件存在电气连接；

④供电电网运行正常,系统中无操作过电压;

⑤受危害金属构件具有一定的剩磁量,并且附近金属构件也有一定的剩磁量,剩磁量的分布呈现通道较小,附近较大的特点;

⑥危害金属构件或电子电气设备的雷电流产生的热量大于该金属构件的熔点;

⑦受危害金属构件的熔痕表现为一次熔痕特点。

当调查结果符合上述条件时,可断定该危害事故为雷电热效应危害所致,并且将该鉴定方法定为熔化雷电流临界值分析法。

在雷击事故鉴定中有许多事故不是金属构件自身的损坏,而是由于自身热量的升高造成周边环境的破坏,此事故的鉴定,应以鉴定雷击金属构件产生的热量为主。

在进行熔痕调查鉴定时,应重点区分雷电闪击点与雷电过电压熔痕特点,作为雷电闪击点,其高温来源于金属导体以外,因此其闪击点表现为二次熔痕特征。作为雷电过电压熔痕,其高温来源于金属导体自身的过电压,因此,在雷电泄流通道的熔痕表现为一次熔痕特点。

5.3.6 雷电热效应案例

如:2007 年 4 月 7 日,莒县某供电站遭受雷击,雷电流沿接闪杆、接地系统泄流入地,瞬时产生的高温将地面混凝土炸爆(如图5.14)。

此事故中,雷电流沿 18 m 铁塔泄放地下,接地线为一条独立的 φ20 钢筋,该接地线设置于接闪杆附近的人行道小路下面 3 cm的沙土层中,雷电流通过该接地线时造成混凝土小路爆裂。

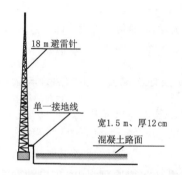

图 5.14(a) 避雷设施设置方式示意图

图 5.14(b) 接地线位置

图 5.14(c) 接地体上面的路面破坏情况

5.4 雷电流热效应危害树木的特点

由于雷电流闪击树木时,瞬时产生强大的热量,该热量造成树木内的水分蒸发,形成强大的内压力,树木纤维在受到均匀强大的内压力作用时,造成树木撕裂。当树木水分较少时,树木因高温作用出现烧灼现象,因此我们可以利用雷电流热效应造成的内压损坏纤维的特性,作为鉴定雷电流热效应危害树木的鉴定依据。

　　树木生长过程中,受损原因较多,树木的爆裂原因主要来自两个主要因素,即雷电热效应造成树木的爆裂与烧灼、大风造成树木的断裂。雷电造成树木的损坏,主要是雷电流热效应的破坏作用表现,雷电流产生的热量在瞬间将树木的水分蒸发并产生较大的膨胀力(内压力),当雷电流产生的膨胀力大于树木的张力时,树木纤维将被破坏、爆裂;风力对树木的损坏是风压力造成树木的断裂。无论是雷电流的内张力还是大风造成的外部推力,其根本破坏原理都是外力作用大于树木的张力。

　　(1)雷电危害树木的特点

　　当树木的张力限度小于雷电流对树木的(膨胀力)内压力或者风压时,树木则出现断裂。表 5.3 给出了部分树木的张力。

表 5.3　树木强硬度斯图加特表格

树种	张力单元 (N/mm²)	强硬度(N/mm²) 纵向比较	张力限度 (%)	预计空气 压力因素
Abies alba	9500	15	0.16	0.20
Acer pseudoplatanus	8500	25	0.29	0.25
Acer negundo	5600	20	0.36	0.25
Acer cumpestre	6000	25.5	0.43	0.25
Acer saccharinum	6000	20	0.33	0.25
Acer saccharine	5450	20	0.37	0.25
Aesculus hippocastanum	5250	14	0.26	0.35
Ailanthus altissima	6400	16	0.25	0.15
Betula pendula	7050	22	0.31	0.12
Chamaecyparis lawsonia	7350	20	0.27	0.20
Cedrus deodora	7650	15	0.20	0.20
Fagus sylvatica	8500	22.5	0.26	0.25～0.30
Alnus glutinosa	8000	20	0.25	0.25
Fraxinus excelsior	6250	26	0.42	0.25
Picea abies	9000	21	0.23	0.20
Picea omorika	9000	16	0.18	0.20
Carpinus betulus	8800	16	0.18	0.25
Custanea sativa	6000	25	0.42	0.25
Larix decidua	5035	17	0.32	0.15
Liriodendron tulipifera	5000	17	0.34	0.25

　　雷电流在通过树木时产生的热量可由式(2.2)求得,由式(2.4)可求得雷电流在树木内泄流过程中引起的温升,该温升可将树木内的水分蒸发并产生较大压力,由于该压力形成时间短,因此冲击力较强,当其压力大于树木的张力时,树木则炸裂。

　　雷电流危害树木,树木中的水分变化要经过 3 个方面的变化过程。

　　①雷电流通过树木时造成树木水分的温升

　　在雷击过程中,树木水分吸收雷电流产生的热量,温度由 T_1(常温)升至 100℃,其消耗的热量为：

$$W_1 = m \cdot C_v \cdot (T_2 - T_1) \qquad (5.7)$$

式中：W_1 为树木水分吸热升高温度至 100℃时消耗的热量(kJ)；

　　　m 为树木的含水量(kg)；

　　　C_v 为树木水分的比热容(kJ·kg^{-1}·℃$^{-1}$)，水取 4.2(kJ·kg^{-1}·℃$^{-1}$)；

　　　T_1 为树木雷击时的温度(℃)；

　　　T_2 为汽化前温度(取 100℃)。

　　树木含水量 m 调查的简易方法。

　　测量树木受灾部分的体积 V。取地面至树木顶端受损点为受损树木的高度 h，测量树木底端周长、顶端树木的周长，按梯形方法计算其体积 V。受灾树木的含水量 m 为：

$$m = VD = V \frac{D_{分枝}}{K} \qquad (5.8)$$

式中：m 为受灾树木的含水量(kg)；

　　　K 为主分枝含水量的比例系数，见附表 7.3。

　　　V 为受灾树木的体积(m^3)；

　　　D 为受灾树木单位体积的含水量(kg/m^3)。

　　②雷电流通过树木时造成树木中水分的汽化

　　在雷击过程中，树木中的水分由 100℃的水转化为 100℃的水蒸气时需要吸收的热量为：

$$W_2 = m \cdot C_q \qquad (5.9)$$

式中：W_2 为树木中 100℃的水经过汽化变成 100℃的水蒸气需要吸收的热量(kJ)；

　　　m 为树木的含水量(kg)；

　　　C_q 为水的汽化热(取 2260 kJ/kg)；

　　③雷电流流经树木时造成树木中水蒸气的温升与气压增大

　　在雷击过程中水蒸气吸收热量急剧增压，树木水汽的温度由 T_1 升高到 T_2，压力增大并且大于树木的张力，最终出现炸裂，此过程中，树木增压吸收的热量为：

$$W_3 = m \cdot C_v \cdot (T_2 - T_1)$$

式中：W_3 为树木中，形成树木水分温升增压并造成树木炸裂所需要的雷电流能量(kJ)；

　　　m 为树木中水汽的质量(kg)；

　　　C_v 为树木中水汽的比热容(kJ·kg^{-1}·℃$^{-1}$)；

　　　T_1 为树木水汽的初温(本式中为 100℃)；

　　　T_2 为树木中水汽增压至树木炸裂时的温度(℃)。

　　树木中水汽增压至树木炸裂时的温度 T 可由下式求得：

$$T = \frac{pV}{nR} \qquad (5.10)$$

式中：T 为水蒸气的温度(K)；

　　　p 为水蒸气的压强(Pa)；

　　　V 为水蒸气的体积(L)；

　　　n 为摩尔数，水蒸气为 $m/18$(m 为树木水蒸气的质量)；

　　　R 为常数，为 0.082。

④雷电流通过树木并造成树木的炸裂或者焚烧,其所需要的最小能量为:

$$W = W_1 + W_2 + W_3$$

当雷电闪击树木,其雷电流产生的热量造成树木中的水分蒸发,树木水蒸气随温度升高而增压,当树木的水蒸气压力大于树木的张力时,即 $P_S > W_F$ 时,树木就会出现炸裂现象。

(2)风压破坏树木的特点分析

德国的 Mattheck 等曾设计了一种简单的数学方法来计算树冠受风时受到的风压,以及根系土壤的反应。计算公式为:

$$M_F = \sigma_F \cdot \frac{\pi}{4} \cdot R^3 \tag{5.11}$$

式中: M_F 为树木能承受的最大力(压力或拉力);

σ_F 为树木鲜材的抗压或抗弯强度(MPa), σ_F 的值可取样在实验室测试,或应用便携式仪器测量,如用 Fractometer 检测。(必须注意的是上述引用的木材强度是指健康材,因此对于发生腐朽等情况的树木,在运用该公式时必须根据木材强度的损失情况进行调整,或用重新采用仪器测量。);

R 为树木的半径(mm)。

上式的计算结果是树干在其强度特性为 σ_F 时能承受的最大风力,同时也是通过树干转向根部土壤的最大的力,如果风力大于该值,树干就会折断或受到破坏。

(3)雷电内压力及大风推力损坏树木纤维的表现特点

1)纤维裂痕表现不同。

雷电流热效应的作用力来自树木的内部,方向自内向外,均匀分布到周边,当只有首次雷电闪击树木时,雷电流将沿树木的周身导管泄流至零地面,当有后续雷电闪击树木时,雷电流将沿树木表层泄放,因此遭受雷电流危害后树木就表现出各种纤维爆裂(图 5.15(a)、5.15(b)、5.15(c)、5.15(d))。但是无论雷电流造成树木什么样的危害,其表现都有以下几个方面的特点。

图 5.15(a)　主杆受雷击树木　　图 5.15(b)　表层受损树木　　图 5.15(c)　周边皆受损坏的树木

①雷电热效应造成的危害裂痕受力方向与大风的受力方向不同。雷电热效应造成的危害裂痕方向发自内部,裂痕较深;大风造成的损坏作用力来自树木的侧面,树木出现顺风断裂现象,断裂部位为横裂或斜裂,见图 5.16(b)。

②雷电流造成裂痕的形状与大风的不同。一棵遭受雷击的树木,自雷击点至零地面各裂痕点的裂痕情况基本一致,且裂痕处所受损害外力基本平衡,裂痕处损坏纤维沿导管处破裂,

并出现不规则分层破碎现象,受损面多呈立体状,受损后的木质纤维沿树木主干成丝条状分裂,表现为树干撕裂状(图5.15(a))。风力作用时,其损坏面木质纤维呈尖状,损坏断裂面呈横状,断裂程度沿断裂面向两端逐渐减小。

2)受损面的干燥度不同

雷电流造成树木爆裂时,其树木纤维的含水量将大幅降低,多数水分高温蒸发。树木受风压破坏时,树木的水分不受影响,因此断裂部分的含水量不变。

3)受损点不同

雷电流流经树木的电流大、作用时间短,因此,雷电流通过

图5.15(d)　雷击烧坏的树木

树木上、下端的时间可忽略不计,宏观观察其产生热量的时间基本相同,贯穿树径的导管是树木水分的通道与源泉,因此树木受雷电流损坏时,其破坏面较大,贯穿树木的整体。

树木受风压损坏时,其风力作用点多为树冠,但是危害点多为树干,树木受风力作用折断,其受危害点多为树干的一小段位置。

5.5　雷电流热效应危害树木的鉴定方法

雷电流热效应危害树木的鉴定,首先应确定受危害主体,且灾情状况为炸裂或者内焚;其次是在树木受危害时段内该处有雷电闪击,并排除风及供电系统高压电网的影响;再次是灾情症状符合雷电危害特征,侵入树木的雷电流产生的内压力大于树木炸裂的内压力临界值。只有上述条件同时具备时,树木的损坏方可鉴定为雷电热效应所为。

鉴定雷电流热效应危害树木,应调查并确定以下七个方面的因子:

①确定树木受损的时间、地点、灾情;

②确定树木受灾时间段内,该处的风力情况;

③确定受灾树木与周边载流导体的关系;

④确定受灾树木周边金属构件的剩磁量;

⑤确定在受损时间段内,事发地或者附近的对地闪击;

⑥确定受灾树木的灾情及树木纤维的变化情况;

⑦确定危害树木的临界雷电流强度。

雷电危害树木的时间、地点的调查方法前面已经介绍,雷击点的确定方法由第8章确定。现就树木灾情调查方法,分析并排除风力及电力危害的方法,雷电流通过树木产生内压力的调查方法介绍如下。

5.5.1　受灾树木灾情的调查方法

受灾树木的调查主要包括:树木的高度、树木受危害的部位及整体状况、雷电危害的程度与危害处的形状、受危害处的纤维损坏情况,生长中大树常见灾情包括树木的爆裂与焚烧。

(1)树木爆裂的调查方法

1)可采用测高仪测量树木的高度、树木受灾部位的最高位置与最低位置的高度。利用卷

尺测量树木主干破损点上端、下端的直径。剪切第一分枝主干部分 20 cm,并且测量其直径。

　　2)受灾起点状况的调查方法。利用测高仪测量树木受损的起点高度、终点高度。

　　3)受损部位纤维情况调查。对灾害树木进行抽样检查,特别是突出部位(断裂处)的抽样,抽样时应对现场树木的裂痕状况进行拍照、绘图,抽取的样品应保持原有的外观不变。样品抽取时,先对所取样品进行绘图,标定其形状、尺寸、弯曲角度、样品高度、样品方向,样品采集时应取不同高度多个方向的样品,长度与规格应根据现场情况确定。

　　其受损纤维的调查主要包括如下项目:破裂纤维的形状、长度;纤维间的连接情况;纤维破裂的终端位置及与主干连接的方式;纤维的湿度。

　　根据外形特点分析判断,当外观痕迹具有以下特点时,可确定为疑似雷电所为:

　　①受灾起点位于树木的较高位置,且起点处树皮四裂,树干炸裂;

　　②树干出现单方向树干整体破裂,如图 5.15(a)所示(典型的单方向破裂表现形式);

　　③周身旋转破裂,如图 5.15(b)所示;

　　④树木周身出现多处破裂,如图 5.15(c)所示;

　　⑤受损树木的纤维破裂长度贯穿树木的主干、破损纤维间隙均匀、破损纤维丝连、受损纤维湿度明显降低。

　　根据外形特点分析,灾情痕迹表现以下特点时,可确定为疑似风力所为:

　　①树木的破损点处于树干的中部以下位置,且破损起点呈自下至上的尖状。

　　②树木主干扭曲(或断裂),且破裂点处破损严重,自破损点向两端逐渐减弱,破裂点较短,如图 5.16(b)和图 5.16(d)所示。

　　③受损树木的纤维破裂长度较短、破裂处与主干连接部位呈尖状、部分纤维呈水平断裂、破损点纤维切割平面较大、破裂部分纤维湿度不变。

　　(2)树木烧灼的调查方法

　　1)调查树木烧灼的程度,烧损的比例;

　　2)调查受损树木烧灼的部位,利用高度测量仪器测量树木烧灼的上端高度、下端高度,利用长度测量工具测量烧灼深度、裂痕宽度;

　　3)检查烧损部分边沿树木纤维状况,紧密程度;

　　4)检查未烧损部分树木的纤维状况。

　　分析树木烧灼痕迹,其外观及痕迹特点表现如下时,可确定为疑似雷电所为:

　　①树木烧灼来自树木的内部,周边未出现烧灼迹象(如图 5.15(d));

　　②内腔烧灼,树木整体未变,局部出现较大裂痕,且树木内腔及裂痕出现焚烧迹象;

　　③纤维间以树木导水管为界限出现纤维分层(如图 5.17)。

　　分析受灾树木的痕迹、焚烧后的纤维状况,其表现为下列特征时,可确定为疑似供电电网高压所为:

　　①受灾树木焚烧点为树木的任一点,且为树木内外同时燃烧;

　　②燃烧后的纤维表现紧凑,未出现分离现象。

　　造成正常生长树木的炸裂,主要有两个因素,即大风的侧压与雷电的热效应;造成树木的焚烧(自内向外焚烧),也有两个因素,即 50 Hz 的供电线路的短路与雷电闪击。

图 5.16　树木遭受风力损坏

图 5.17　雷击后纤维表象

5.5.2　风力调查方法

　　造成树木断裂的大风应该具备两个条件,即风力应大于 17.2 m/s,或者风的类型具有扭曲树木的特点。因此调查树木受损坏时段内,受损树木处的风向、风速及风的类型。

　　查询当地气象数据,调查风向、风速可自风向风速仪记录查询,风类可查询值班员的天气记录,同时应查询树木受损时段内的雷达数据,确定在该时段内对流情况、锋面移动情况、热带气旋的运行轨迹。

　　造成危害的风类型较多,如大风、飓风、龙卷风、尘卷风、热带气旋等。造成危害的风力,据统计资料表明,当风力大于 17.2 m/s 时,树木则会出现断裂现象,而龙卷风、尘卷风的破坏作用,不仅仅受制于风力的大小,自身的旋转更是造成破坏的关键。

通过对风力的调查,确定与筛选疑似危害主体。当该处的风力大于树木的张力或者该处出现短时较强的旋风、热带气旋等特殊天气时,方可将风力影响认定为疑似危害主体,否则应排除风力的危害。

5.5.3　受灾树木周边载流导体的调查方法

树木遭受高压电网过电压损坏必须具备两个条件,第一树木距高压线路的距离足以造成接触,第二是在接触的瞬间具有过电压,或者架空线路为高压输电线路。

①架空线路的供电电压调查。了解电力部门的电力线路的架设布局,查询受损大树附近架空线路的输送电压;

②使用长度、高度测量工具测量受灾树木距架空线路的间距及高度差;

③调查线路的短路、断线情况。

当架空线路的高度高于大树的高度、大树与架空线路间的距离大于树木高度的 1.5 倍、树木受损时段内架空高压线无线路故障时,应排除电网高电压对大树的危害。

5.5.4　受危害树木及周边金属构件剩磁量的调查方法

剩磁量是确定雷电危害的重要标志,当树木中有雷电流通过时,树木及其周边必然残留一定量的剩磁。

①采集树木自身不同高度、不同位置的湿度较大的树木残渣,利用剩磁量测量仪检测该样品的剩磁量;

②选用剩磁量测量仪,检测距离树木较近的金属构件的剩磁量,并绘制剩磁量平面图,测量方法见附录 5。当测量的数值呈现以树木为中心随距离逐渐减小的趋势时,可以确定树木有雷电流通过。

通过多因素调查,依据排他法原则,对造成树木损坏的三个因素进行排查,其中两个因素排除,那么第三个因素自然成为树木的危害主体,但为确定第三因素的可靠性,还应调查并确定雷电闪击点。当明确受灾树木就是雷电闪击点时,方可进行雷电流热量产生的破坏作用。

5.5.5　损害树木"危害电流临界值"的调查方法

雷电流闪击树木时,在树木中产生较高的热量;该热量造成树木中水分的蒸发,水汽在树木中产生较强的内压力,当水汽的内压力大于树木张力的时候,树木则出现炸裂,因此可以判定树木的张力也即是树木遭受雷击时的最小内压力。

(1)树木内压力的确定方法

常见树木的张力可查表 5.3,而树木的张力也即是树木炸裂瞬间的树木内压力。

(2)树木主干水分的体积及树木主干含水量的确定方法

测量首支分枝的体积与重量,将该样本烘干,测量其重量,计算其遭受雷击时的含水量,推测该树木遭受雷击时单位体积的含水量 $D_{分枝}$。常见树木主分枝单位体积含水量比例系数见附表 7.1,相应树木的比例系数见 K 值。通过测量树木的根部与分叉处的树木直径可求得树木的体积 V,依据式(5.7)计算求得树木的含水量 m。

(3)树木雷击炸裂能量的确定方法

依据式(5.9)确定树木炸裂瞬间的水蒸气温度,然后根据式(5.6)、式(5.8)计算求得树木雷击瞬间水分温升(雷击瞬间树木水分的温度可视为空气温度,该温度可自当地气象部门的温度监测仪器查询)至100℃、液态水变成水蒸气、水蒸气温升至树木炸裂三个不同状态所需要的能量,该能量即是雷电流闪击树木产生的热量。

(4)"危害电流临界值"的确定方法

由于生长中的树木含水量占其重量的60%～80%,因此上式中树木的电阻可近似看作树木中水分的电阻。考虑树木根系的深度较浅,同时所吸收水分的来源多为地表水,因此参照河水、溪水的电阻率确定树木的电阻率为30～280 Ω·m。树木的雷击长度可确定为雷击点至地面的高度。

根据式 $W = R\int i^2 \mathrm{d}t$ 求得闪击树木的雷电流。

式中:W 为雷电流通过树木时产生的热量,J;

　　　R 为树木的电阻,Ω;

　　　I 为雷电流,A;

　　　$\mathrm{d}t$ 为雷电流作用时间,取 360 μs。

由此式求得的雷电流强度即为闪击树木的"危害电流临界值"。

(5)对地闪击回归确定

对所有闪电定位仪中疑似对地闪击点与"危害电流临界值"进行比较,删除雷电流小于该"临界值"的对地闪击点,便可确定雷击点,当闪电定位仪中只有一点符合该条件时,该点便是实际闪击点,当筛选后仍有多个闪击点符合条件时,可选取大于"危害电流临界值"的所有雷击点。

通过计算树木的"临界内压力",确定危害树木的临界雷电流强度,以危害效果确定危害主体。

5.5.6 "树木内压临界分析法"——雷电流热效应危害树木的鉴定方法

经对影响雷电流热效应危害树木的几个主要因子进行调查分析,当调查结果符合下面几个条件时,可确定该事故为雷电流热效应危害所致:

①雷电的闪击时间与树木受危害的时间吻合,雷电的闪击经纬度与受危害树木的经纬度相吻合;

②树木遭受危害时段内,该树木所在位置无较大风力(大于 17.2 m/s)影响,树木周边大于树木高度的距离内无架空线路。

③树木自身携带较少的剩磁量,周边金属构件携带一定的剩磁,并且剩磁量呈中间树木偏低、周边金属构件较大,随距离逐渐降低;

④受危害树木的纤维破裂痕迹并列且贯穿树木主干,树木受力方向来自树木的内部,纤维分裂从内向外,树木破损处纤维的含水量明显降低,呈干燥状态,局部出现烧灼状;

⑤闪击树木的雷电流大于树木炸裂的危害电流临界值。

当调查结果符合上述条件时,可断定该危害事故为雷电热效应危害所致,并且将该鉴定方法定为树木内压临界分析法。

第6章　雷电脉冲过电压引入的危害与鉴定

随着科学技术的不断进步,集成线路被广泛应用到高科技电子电气设备中,从而带来了电子产品时代的发展,但是由于集成线路的耐冲击电压能力十分脆弱,因此,高科技产品的应用,也为我们提出了过电压防护的新问题。近年来,雷电过电压造成的危害越来越严重,而电子电气设备的直接经济损失已达雷电灾害总损失的 80% 以上。根据中国气象局近年来雷击事故统计资料可知,雷电灾害已成为"电子时代的一大公害"。

2000 年 8 月 18 日 12 时 56 分,上海证券交易所卫星地面站机房遭受雷电闪击,传输信号中断 54 分钟,致使股票交易停止 54 分钟,造成巨大经济损失。

2007 年 3 月 14 日上午 8 时 15 分,溪口有多处地方遭遇雷击,其中某公司一台价值 180 万元的仪器设备、某宾馆的服务器和 4 户居民家里的计算机、电视等电气设备被雷击损坏。

2007 年 4 月 7 日,某变电所遭受雷电闪击,造成架空高压线路烧断,两台 350 kVA 的变压器烧坏,10 台配电柜烧坏,多台计量设备被雷电烧坏(见图 6.1)。变电站直接经济损失达 500 多万元,而停电造成的用电单位损失超千万。

图 6.1　某变电所配电柜、计量器雷击现场

2008 年 8 月 10 日 12 时左右,北京市丰台区丰台体育场附近遭受雷击,损坏近百家居民家用电器,造成直接经济损失约 40 万元。

2008 年 10 月 5 日,五莲县供电公司遭受雷电闪击,造成信息中心 4 台交换机、户部 5 台变压器损坏,直接经济损失 6 万元。

根据雷电危害效应特点,本章主要介绍雷电闪击架空线路造成的脉冲过电压的危害特点与其鉴定方法。

6.1　雷电脉冲过电压危害设备的特点

雷电危害电子电气设备主要是通过脉冲过电压引入造成的,也是雷电造成设备损坏的最主要的方式。

6.1.1　雷电脉冲过电压的危害路径

当电子电气设备的两端出现脉冲过电压,且脉冲过电压大于设备的耐冲击电压时,设备就会造成损坏。常见脉冲过电压产生原因主要有雷电脉冲过电压与电网脉冲过电压。

雷电脉冲过电压的来源主要有两个方面,第一是雷电直接闪击金属导线,雷电脉冲过电压沿导线进入设备并造成危害。第二是雷电感应金属导线,产生脉冲过电压沿金属导线进入设备而造成损坏。

雷电脉冲过电压的危害主要有三条明显的途径:

①电源线路路径。经验证明,一个雷击点周围的危害半径大约为 2 km(弋东方,1989)。当设备空间处于雷击点周围半径 2 km 的范围内,其设备的连接电缆为架空线路,且部分线路不在 LPZ0$_B$ 区时,架空电缆则具有较大雷击概率与雷电感应,并带有过电压,该高电压则会沿电缆线路危害半径 2 km 范围内的电气设备。

②信号线路路径。目前我国多采用光缆进行远距离信号传输,近距离信号传输或者光端机后的信号传输多采用电缆,在采用光缆进行信号传输时,光缆中的加强筋与金属保护皮均会遭受直接雷击与雷电感应,并将脉冲雷电流传输到终端设备(光端机),当光端机的机壳带有脉冲高电压时,即可通过电缆将脉冲高电压传输至信号设备,造成设备的损坏。

③接地系统路径。设备的接地系统应与防雷系统的接地装置进行等电位连接,其连接部位应在地面以下,当设备的接地系统与防雷设施在空气中距地面某一高度连接时,其连接点的高电位即可引入设备的接地系统,从而造成设备接地系统的地电位升高,连接点的高电位见式(2.18)可知。

6.1.2　电子电气设备的耐冲击电压能力

不同的电子电气设备,由于其电子元件的集成规模、连接方式、连接线路规格等各种内在因素的不同,其承受脉冲过电压的能力就有所不同。如晶体管线路设备的耐冲击电压能力比集成线路设备的耐冲击电压能力强。因此,在同一线路上的不同设备,虽然遭受相同的脉冲过电压袭击,其损坏的程度也有所不同,有的设备已损坏,有的设备还完好无损。表 6.1 给出了建筑物内 220/380V 配电系统中设备绝缘耐冲击电压额定值,表 6.2、表 6.3 给出了常见设备与电缆线路的耐冲击电压额定值。

表 6.1　建筑物内 220/380V 配电系统中设备绝缘耐冲击电压额定值

设备的位置	电源处的设备	配电线路或最后分支线路的设备	用电设备	需要特殊保护的设备
耐冲击过电压类别	Ⅳ类	Ⅲ类	Ⅱ类	Ⅰ类
耐冲击电压额定值 U_W(kA)	6	4	2.5	1.5

注:Ⅰ类:含有电子电路的设备,如计算机、有电子程序控制的设备;

Ⅱ类：如家用电器和类似负荷；

Ⅲ类：如配电盘，断路器，包括线路、母线、分线盒、开关、插座等固定装置的布线系统以及应用于工业的设备和永久接至固定装置的固定安装的电动机等的一些其他设备；

Ⅳ类：如电气计量仪表、一次线过流保护设备、滤波器。

表 6.2　电气与电子系统设备的耐冲击电压额定值

设备类型	电子设备	用户的电气设备($U_n < 1$ kV)	电网设备($U_n < 1$ kV)
耐冲击电压额定值 U_W(kV)	1.5	2.5	6

表 6.3　电缆绝缘的耐冲击电压额定值

电源种类及其额定电压 U_n(kV)	纸绝缘通信电缆	塑料绝缘通信电缆	电力电缆 $U_n \leqslant 1$	电力电缆 $U_n = 3$	电力电缆 $U_n = 6$	电力电缆 $U_n = 10$	电力电缆 $U_n = 15$	电力电缆 $U_n = 20$
耐冲击电压额定值 U_W(kV)	1.5	5	15	45	60	75	95	125

6.2　雷电脉冲过电压危害的鉴定方法

雷电脉冲过电压的鉴定应建立在科学调查基础之上，通过调查确定受损主体，通过排查筛选出造成设备损坏的因子，经过计算确定危害过电压的强度，从而确定调查鉴定主体。

鉴定雷电脉冲过电压危害，必须调查并确定一下六个方面的因子：

①确定设备受损时间、地点及灾情；

②确定设备正常工作时，供电系统运行情况；

③确定雷击点与危害线路；

④确定云地闪电的基本情况；

⑤确定受危害线路的雷电流强度；

⑥确定受危害设备的耐冲击能力。

以上章节已经介绍雷击事故发生点及发生时间的调查方法，本章的雷击事故灾情仅限于电子电气设备，而事故发生点也在与设备连接的线路上。在排除了市电操作过电压的危害后，造成设备线路过电压就是雷电过电压，因此，本章介绍的雷击事故鉴定要从事故的发源地开始，并沿线路按照电流逐渐增加、剩磁量逐渐增大的原则查询事故雷击点，并且计算雷击点的电流及事故点的雷电流，通过与设备耐冲击电压比较，判定雷电过电压是否存在危害能力。

6.2.1　受损设备灾情调查方法

电子电气设备的灾情调查方法：

①检查设备内部电子元器件的损坏数量、位置及连接线路、设备的运行工作电压（受危害设备的工作运行电压可自设备的数据中查阅）；

②通过电子电气设备中电子组件的损坏情况确定其连接的线路，判明连接线路为电源线路还是信号线路；

③检查受损部位的痕迹特点，对受损部位进行取样分析（金相法取样与分析见附录6），当样品表现如下特点时可确定为过电压短路造成设备的损坏。第一、其金相组织呈细小的胞状

晶或柱状晶;第二、熔珠金相磨面内部气孔小而较少,并较整齐;第三、短路熔珠与导线衔接处的过渡区界限明显;第四、短路熔珠晶界较细,空洞周围的铜和氧化亚铜共晶体较少、不太明显;第五、在偏光下观察时,一次短路熔珠空洞周围及洞壁的颜色不明显。

在电子电气线路中,造成设备损坏的主要原因有大气过电压与电网操作过电压。依据第13章的有关知识,调查市电操作过电压的出现情况,在排除市电操作过电压后第二步应调查受损点与雷击点的连接关系。

6.2.2 雷击点及其与受损设备的连接关系调查方法

受损设备与雷电闪击点的连接关系调查方法。

经过对电网操作过电压的筛选排除,目前只有雷电过电压具有危害设备的概率,但是要确定雷电过电压的危害,应沿雷电泄流通道确定雷击点。

(1)利用剩磁量随雷电流变化的特点确定实际雷击点

对受损设备的连接线路进行剩磁量检测,检测的范围应自受损设备开始,在不小于半径2000 m 的范围,检测的空间包括设备空间及与设备空间连接的 LPZ1 空间、LPZ0$_B$ 空间、LPZ0$_A$ 空间内的连接线路,雷电流在载流导体中产生剩磁量的判定标准为大于 1.0 mT,检测剩磁量时应注意绘制两个趋势图,其一是与线路垂直面的金属构件剩磁量的分布图,该图显示的中心部位为雷电泄流通道(见图 6.2);其二是并行线路的剩磁量图(如图 6.3),该图中雷电流变化趋势为:$i_1 > i_2 > i_3 > i_4$,同时该泄流通道中的剩磁量变化趋势为:$b_{r1} > b_{r2} > b_{r3} > b_{r4}$。根据剩磁量的变化趋势特点,可确定雷击点的大概位置。金属导体的剩磁量检测方法见附录 5。

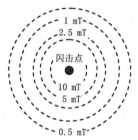

图 6.2　剩磁量标示图

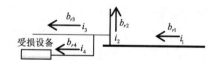

图 6.3　雷电泄流通道及剩磁量示意图

利用剩磁量随雷电流增大而逐渐变大的特点,查询剩磁量最大处,此处可能由雷电流多种效应引起,如雷电直接闪击、雷电泄流通道位于此处附近。因此剩磁量最大处是否为雷击点尚应利用金相法加以确定。

根据线路高电压危害情况调查,最高电压危害区域即是雷电闪击点区域。如图 6.4 所示为同一线路中,不同区域过电压危害的设备,其耐冲击电压能力示意图,由图可以看出高电势区为 4♯设备与 5♯设备间的线路,此段线路可确定为雷电闪击区域。

(2)通过金相分析明确雷击点

检查由剩磁法确定的疑似雷击点,并对该疑似雷击点的金相情况进行调查,当金相表现为下面特点时可认为雷电雷击点。第一、金相组织被很多气孔分割,出现较多粗大的柱状晶或粗大晶届;第二、金相磨面内部气孔多而大,且不规整;第三、过渡界限表现为短路熔珠金相磨面

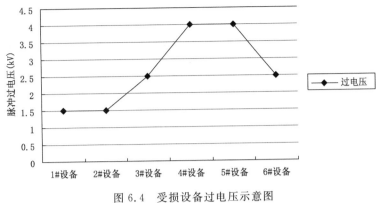

图 6.4　受损设备过电压示意图

内部气孔多而大,且不规整;第四、熔珠晶界较粗大,空洞周围的铜和氧化亚铜共晶体较多且比较明显;第五、空洞周围及洞壁的颜色呈鲜红色、橘红色。具体调查方法见附录 6。

(3)通过调查雷击点位置确定过电压的输入方式

当雷击点为架空电源线路时,其危害设备的路径为雷击点→架空电源线路→电源分支线路→设备。受灾原因可确定为直接雷击电源线路造成的过电压引入,从而危害设备。

当雷击点为架空信号线路时,其危害设备的路径为雷击点→架空信号线路→信号分支线路→设备。受灾原因可确定为直接雷击信号线路造成的过电压引入,从而危害设备。

当雷击点为其他金属构件,且与设备的接地系统间电阻较小时,可认为雷击点与设备的接地系统为短路。电子电气设备的受损路径为雷击点→金属构件→设备的接地系统→设备。此时受灾原因可确定为直接雷击设备连接的金属物体,形成地电位升高,造成过电压引入设备,从而危害设备。

对雷击点初步确定后还应调查闪电定位仪的监测资料,利用附录 8 调查雷击点与事故点的吻合程度,并确定雷击点,同时确定雷击点处的闪击雷电流。

6.2.3　架空线路(泄流通道)的雷电流(雷电压)调查方法

(1)雷电闪击架空线路(具有接闪线)的线杆顶端时,线杆与架空线线路电压调查方法(周洁,2007)。

雷电闪击杆顶端时,其雷电流分流情况见图 6.5,雷击电流 i 分为 i_{gt} 与 i_b,途经铁塔并泄流入地的雷电流 i_{gt} 可由下式求得:

$$i_{gt} = \beta \cdot i \qquad (6.1)$$

式中:i_{gt} 为途经铁塔的雷电流(kA);

　　　β 为铁塔的分流系数,见表 6.4;

　　　i 为闪击雷电流(kA)。

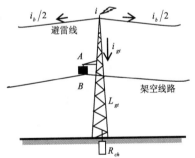

图 6.5　雷电闪击线杆顶端时
雷电流分布示意图

表 6.4　铁塔分流系数 β

线路电压(kV)	单接闪线	双接闪线
110	0.90	0.86
220	0.92	0.88

铁塔顶部的电压 u_{gt} 为：

$$u_{gt} = i_{gt}R_{ch} + L_{gt}\beta \frac{\mathrm{d}i}{\mathrm{d}t}$$

将式(6.1)代入可得：

$$u_{gt} = \beta i R_{ch} + L_{gt}\beta \frac{\mathrm{d}i}{\mathrm{d}t} \qquad\qquad (6.2)$$

式中：u_{gt} 为塔杆顶端的电压(kV)；

　　　R_{ch} 为铁塔的冲击接地电阻(Ω)；

　　　L_{gt} 为铁塔的等值电感(H)，见附录9；

　　　$\dfrac{\mathrm{d}i}{\mathrm{d}t}$ 为电流陡度(kA/μs)。

用 $I/2.6$ 代替 $\mathrm{d}i/\mathrm{d}t$，则杆顶端电压幅值 U_{gt} 为：

$$U_{gt} = \beta I(R_{ch} + L_{gt}/2.6) \qquad\qquad (6.3)$$

式中：I 为雷电流峰值(kA)。

雷电闪击杆顶端时，架空线路的感应过电压 U_X 最大值为：

$$U_X = kU_{gt} - \alpha h(1-k) \qquad\qquad (6.4)$$

式中：U_X 为雷击点附近架空线路的感应过电压(kV)；

　　　k 为接闪线与架空线路的几何耦合系数，见附表9.1；

　　　α 为感应过电压系数(kV/m)，$\alpha = I/2.6$；

　　　h 为架空线路的高度(m)。

(2)雷电闪击架空线路时，雷击点处的雷电过电压调查方法

雷电闪击架空线路的中间部位时(闪击示意图及等值电路图，如图6.6所示)，自雷击点向两端分流的雷电流为 $i/2$，架空线路的波阻抗在大气过电压的情况下，可近似等于400 Ω。其雷击点处的闪击过电压 U_g 为：

$$U_g = \frac{i}{2} \times \frac{Z}{2} = \frac{i}{2} \times \frac{400}{2} = 100 \cdot i \qquad\qquad (6.5)$$

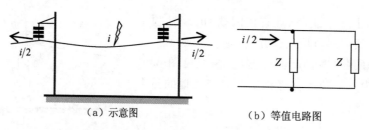

（a）示意图　　　　　　　　　（b）等值电路图

图 6.6　雷电闪击架空线路时的情况

式中：U_g 为雷电雷击点处的过电压(kV)；

　　　i 为闪击雷电流(kA)；

　　　Z 为架空线路的波阻抗(Ω)。

(3)雷电闪击接闪线时架空导线的雷电过电压调查方法

雷电闪击接闪线时，应考虑雷电通道的波阻抗等各种因素的影响，其分流与等值电路图(如图6.7)。接闪线雷击点 A 的电压 U_A 为：

$$U_A = i \frac{Z_b}{2} = I \frac{Z_0 Z_b}{2Z_0 + Z_b} \tag{6.6}$$

式中:U_A 为接闪线 A 点的过电压(kV);

　　i 为闪击雷电流(kA);

　　Z_b 为接闪线波阻抗(Ω),我国有关规范规定为 400 Ω;

　　I 为雷电流峰值(kA);

　　Z_0 为大气雷电泄流通道波阻抗(Ω),我国有关规范规定为 400 Ω;

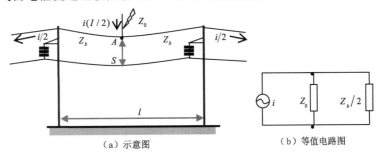

(a) 示意图　　　　　　　　　　　　(b) 等值电路图

图 6.7　雷电闪击接闪线的情况

当雷电闪击架空线路上端的接闪线时,A 点下面的架空线路的感应过电压 U_g 为(周洁等,2007):

$$U_g = k_0 U_A = k_0 \cdot i \cdot \frac{Z_b}{2} = k_0 \cdot I \cdot \frac{Z_0 Z_b}{2Z_0 + Z_b} \tag{6.7}$$

式中:U_g 为架空线路感应过电压(kA);

　　k_0 为几何耦合系数,见附表 9.1。

6.2.4　危害设备的雷电流调查方法

雷击点处的电流(电压)可由 6.2.3 小节求得,但是雷电流在传输过程中,还要采取许多措施,如电源线路进入设备前要穿金属管并埋地,以转移过电压,因此在确定受损设备线路的过电压时,尚应考虑线路的设置方式。其一是线路的分枝与分流,按照雷电流的分流系数可以看出,雷电流在传输过程中,分流主要决定于线路的分枝情况;其次是过电压的转移,当线路设置了屏蔽层并穿金属管埋地时,其过电压将出现转移现象,根据 GB50057—2010《建筑物防雷设计规范》可知,理论上穿金属管埋地措施的应用将转移近 70% 的过电流。因此在确定设备受损线路的过电压(过电流)时,首先根据分流系数确定分支线路电流 $i = i_{雷击点} \cdot 1/2^n$(n—线路的分支数),其次应充分考虑转移过电流,埋地穿金属管时,剩余电流 $i = 30\% i_{分支线路过电流}$。

当脉冲过电压来自设备的接地系统时,可根据下式求得加在接地体的脉冲过电压。

$$U = i \cdot R_i + L_0 \cdot h \cdot \mathrm{d}i/\mathrm{d}t \tag{6.8}$$

式中:U 为 A 点相对于零地面的电压(kV);

　　i 为通过引下线的雷电流(kA);

　　R_i 为接地装置的冲击电阻(Ω);

　　L_0 为通过雷电流引下线的单位长度电感(μH/m),铁约 1.55 μH/m;

　　h 为引下线 A 点到零地面的高度(m);

$\mathrm{d}i/\mathrm{d}t$ 为雷电流陡度（$\mathrm{kA}/\mu\mathrm{s}$）。

通过调查计算，确定危害设备的雷电流强度与雷电过电压。

6.2.5　受损设备的耐冲击电压能力调查方法

不同设备所处位置及设备本身皆存在着各自的耐冲击电压能力，表 6.1、表 6.2、表 6.3 为我国电气设备的耐冲击电压能力统计表，具体设备的耐冲击电压能力可自表中查询。

设备的耐冲击电压能力体现的是设备自身抵御过电压的能力，当输入设备的过电压超过该电压时，设备将受到冲击而遭损坏。

6.2.6　增磁分压法——雷电脉冲过电压危害的鉴定方法

通过对雷电过电压危害电子电气设备几个主要因子进行调查分析，当调查结果符合下面几个条件时，可确定该次事故为雷电过电压危害所致：

①设备受危害的时间须与雷电的闪击时间相吻合；

②雷电的雷击点与实际雷击点相吻合，或者闪电定位仪雷击点与实际雷击点距离较近；

③设备受危害的时段内，供电系统内部未出现操作过电压；

④当雷电雷击点为架空载流线路时，该线路应与受损设备的电源或信号线路直接链接；当雷电雷击点为非载流线路时，该线路应与受损设备接地系统链接；

⑤受损设备两端的雷电过电压大于受损设备的耐冲击电压。

当调查结果符合上述条件时，可断定该受损设备为雷电过电压危害所致，并且将该鉴定方法称为增磁分压法。

第7章　雷电电磁脉冲的危害特点与鉴定

雷电电磁脉冲的危害,实际就是雷电放电过程中产生的电场和磁场耦合电子电气系统,并产生干扰的浪涌电压,导致设备的误动作或损坏。雷电的电磁脉冲会产生电磁感应、电磁波辐射等效应。本章着重介绍雷电电磁脉冲的特点与危害鉴定方法。

7.1　雷电电磁脉冲危害电子设备的特点

7.1.1　雷电流产生电磁场的特点

金属构件从磁化至技术饱和并去掉外磁场后,所保留的磁感应强度,我们称之为剩余磁感应强度,其单位可用特斯拉(T)表示。

雷电泄流过程中所产生的磁场强度与自身的雷电流大小成正比,与距离成反比,雷电流较大时,其产生的磁场强度即大,反之则较小。其关系见式(7.1)。

$$B = \mu_0 H = \mu_0 \frac{i}{2\pi S_a} \tag{7.1}$$

式中:B 为磁感应强度,单位为特斯拉(T),$1\ T = 10^4$ 高斯(Gs);

　　μ_0 为磁导率,$4\pi \times 10^{-7} N/A^2$;

　　H 为磁场强度(A/m);

　　i 为雷电流(A);

　　S_a 为计算磁场强度处与雷电泄流通道间的距离(m)。

由式可知,较大雷电流的泄流通道产生的磁感应强度即较大。

7.1.2　雷电电磁脉冲危害电子设备的特点

随着科技进步集成电路的不断发展,各种电子电气设备环境对电磁场的要求逐步提高。当电子设备环境的磁感应强度达到 0.07Gs(5.57 A/m)时,计算机等弱电设备就会出现误动作,当环境磁感应强度达到 2.4Gs(191 A/m)时,就会造成永久性损坏。GB/T21431—2008《防雷装置安全检测技术规范》规定,电子计算机机房内磁场干扰环境强度不应大于 800 A/m,否则就会出现误动作、死机直至设备损坏等现象,由于设备耐冲击磁场强度的能力不同,因此不同环境允许的脉冲磁场强度有所不同,详情见表 7.1。

表 7.1　脉冲磁场实验等级(A/m)

等级	1	2	3	4	5	×
脉冲磁场强度	—	—	100	300	1000	特定

注:①脉冲磁场强度取峰值。

②脉冲磁场产生的原因有两种,一是雷击建筑物或建筑物上的防雷装置;二是电力系统的瞬时过电压。

③等级说明:等级1、2:无须试验的环境;等级3:有防雷装置或金属构造的一般建筑物,含商业楼、控制楼、非重工业区和高压变电站的计算机房等;等级4:工业环境区中,主要指重工业、发电厂、高压变电站的控制室等;等级5:高压输电线路、重工业厂矿的开关站、电厂等;等级×:特殊环境。

7.2　雷电电磁脉冲危害电子设备的调查鉴定方法

雷电电磁脉冲危害的鉴定,是指通过对雷电闪击点在空间的位置、设备空间环境与设备所处位置的调查与分析,从而确定设备受损的原因为雷电电磁辐射。在确定设备受损的雷击原因时应着重考虑几个因素,首先是设备的耐磁感应能力;其次是设备空间的磁场强度;再次是设备处于空间的位置。

经验表明,在无屏蔽的电磁环境中,集成线路组件遭受2.4Gs的磁辐射时将处于瘫痪状态,当电子电气设备中大量使用集成线路时,这些设备的耐磁感应能力也随之下降,因此,可以将集成线路的耐磁感应能力看作电子电气设备的耐磁感应能力,即电子电气设备的耐磁感应强度为2.4Gs,但是现有电子计算机皆配有金属外壳,对环境电磁辐射具有一定的屏蔽作用,因此电子计算机的耐磁场强度能力确定为800 A/m(约10 Gs)。

鉴定雷电电磁辐射危害电子电气设备时,应充分调查分析并确定以下几个方面的因子:

①确定设备受损的时间、地点与灾情;

②确定受灾设备工作电压运行状态;

③确定受损设备连接线路及附近金属构件的剩磁量;

④确定雷云对地闪击的基本情况;

⑤确定雷电泄流通道及该通道雷电流强度;

⑥确定受损设备空间的磁场强度及设备空间的额定值;

⑦确定受危害设备距屏蔽层的安全距离。

电磁辐射危害调查,应着重调查并确定危害主体,排除来自线路的过电压,确定雷电泄流通道与受损设备的空间磁场关系。

7.2.1　受损设备基本情况调查

电子电气设备的受损时间、地点的调查方法可参照第4章有关章节,本节主要介绍受损设备的灾情调查方法。

受损设备的灾情调查项目与方法:

①调查受损设备的空间位置,测量受损设备距接口的距离;

②检查设备自身的屏蔽措施,主要测量受损设备的屏蔽面积,屏蔽层占受损设备的覆盖比例,屏蔽材料的特点(主要调查屏蔽层材料的外形特点,网格状、无网格铁皮或编制网格);

③集成线路的损坏程度,主要检查受损元器件的比例;

④受损设备的运行工作电压;

⑤受损设备的连接线路;

⑥受损元器件的金相特点。

当设备处于空间的位置大于设备空间的安全距离、设备自身整体屏蔽时,设备将免遭电磁辐射,否则将会遭受危害。

7.2.2　受损设备工作电压运行情况调查

设备在正常工作的状态下出现损坏,其主要路径有两条,即通过电路与场路,通过电路造成危害的因素有电网操作过电压、大气过电压,通过场路造成危害的因素有电磁辐射耦合过电压。

(1)受损设备工作线路的雷电过电压调查调查方法

①通过剩磁量检测确定雷电过电压

利用剩磁仪对受损设备连接的电源线路、信号线路、接地装置等主线路、支线路及周边的金属构件进行剩磁量检测,并对检测结果进行汇总登记分析。

依据附录 5 对与受损设备相连接的电源、信号线路进行剩磁量检测,当剩磁量低于雷电流剩磁量标准时,可视为导线无雷电流通过。

②通过线路综合布设方式的调查确定雷电过电压的强度

对所有进入受损设备空间的载流导体进行综合布线、等电位连接、屏蔽措施等项目的检查,以确定转移过电压的措施与效率。

当各种线路皆穿金属管(不小于 15 m)埋地引入,并且各穿线金属管的两端接地,进线端与建筑物总等电位母排等电位连接。在 LPZ0～LPZn 区中设置不同参数的电源与信号 SPD,SPD 连接线路达标,并且末端残压小于 1.5 kV,采取此措施后,大于设备耐冲击电压能力的过电压概率降低显著,当闪击线路的雷电流较小时,设备空间的过电压将小于 1.5 kV。因此,根据综合布线的设置情况,可以排除雷电过电压的危害。

(2)受损设备工作线路的操作过电压调查

操作过电压的具体调查方法,可依据第 13 章有关规定进行。

通过调查造成设备损坏的多种因素,排除损坏设备的线路过电压因素,明确危害设备的电磁辐射原因。

7.2.3　雷击点及雷电泄流通道的调查方法

(1)根据受损设备空间的耐磁场强度能力确定泄流通道的方位与距离

假定设备空间无屏蔽,该设备空间无磁场强度的衰减,此时估算该设备空间磁场强度与泄流通道距离的关系。磁场强度空间与雷电流强度及距离的关系可见表 7.2。

表 7.2　不同磁场强度空间所对应的雷电流强度与距离的关系(m)

项目	100 A/m	300 A/m	800 A/m	1000 A/m
10 kA	15.9	5.3	1.99	1.59
20 kA	31.8	10.6	3.98	3.18
30 kA	47.7	15.9	5.97	4.77
40 kA	63.6	21.2	7.96	6.36
50 kA	79.5	26.5	9.95	7.95
60 kA	95.4	31.8	11.94	9.54
70 kA	111.3	37.2	13.93	11.13

项目	100 A/m	300 A/m	800 A/m	1000 A/m
80 kA	127.2	42.5	15.92	12.72
90 kA	143.1	47.8	17.91	14.31
100 kA	159.0	53.1	19.90	15.90
150 kA	238.0	79.6	29.86	23.85
200 kA	318.0	106.2	39.81	31.80

根据设备受损的时间,查询该时间段、受损设备周边 2 km 内的雷云对地闪击情况,主要查询对应的雷电流强度。根据雷电流强度与受损设备空间的理论耐磁场强度的能力,查询对应的距离。如 20 kA 的雷电流影响 100 A/m 的设备空间,其临界距离为 31.8 m,当其间距离大于该距离时,该雷电流就不会对该空间产生危害。

在调查雷电流通道时应着重注意几个方面:

第一、电磁辐射的方位,在调查雷电流通道时,应重点考虑电磁屏蔽措施较弱的地方,电磁屏蔽措施全面、建筑物自身金属构件网格较小的区域,屏蔽效果较好。

第二、雷电流的强度,雷电流强度与电磁辐射强度成正比,应重点考虑雷电流强度较大的闪击点。

(2)雷电泄流通道的调查方法

雷电泄流通道的方位与距离基本确定以后,可利用剩磁量测量仪(或者特斯拉计)对该区域内的金属构件进行剩磁量检测,两种仪器的参数特点见表 7.3,水平面剩磁量检测后应绘制剩磁量平面图,为准确地判定泄流通道,可将剩磁量测量范围扩大 50 m。

表 7.3　剩磁测量仪器基本参数要求

仪器名称	量程/测量范围	精度/分辨率	适用环境条件
特斯拉计	0～100 mT	±2.5%	+5～40℃
剩磁测量仪	0～200 mT	0.1 mT	+5～40℃

剩磁量检测试样选取时,应选择经第 7.2.3 小节(1)确定的方位与距离点处及其附近的金属构件。如铁钉、铁丝、穿线铁、各种灯具上的铁磁材料、配电盘上的铁磁材料、人字房架上的钢筋铁钉、设备器件及其他体积小的金属。在样品选取时也要考虑实际情况,只要是"疑似雷电泄流通道"及其附近的金属构件皆可作为样品采样。

试样提取前应列表登记样品的编号、位置、名称、测量仪器、剩磁量。同时要绘制样品位置图(附加照相确定位置),明确各样品的平面位置(如图 7.1)。为确定雷电流的泄流通道,当确定疑似泄流通道时,可在垂直面上建立多个平面位置图,但要标明各测量层的高度、具体位置。提取样品时应注意以下事项:对固定在墙面或者其他物体上的样品提取时不应折弯、敲打、摔落;宜提取受火烧温度较低的样品;不能提取的样品,应保留原位置测量;对于以前短路与磁性材料附近的金属构件,不应作为试样提取。剩磁量的具体检测方法见附录 5。

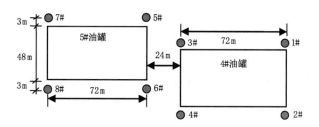

图 7.1　黄岛油库爆炸罐体接闪杆分布状况图

表 7.4　图 7.1 黄岛油库接闪杆杆高、冲击电阻、剩磁量

接闪杆编号	1	2	3	4	5	6	7	8
杆高(m)	30	30	30	30	30	30	30	30
冲击电阻(Ω)	1.56	1.56	1.56	1.56	1.56	1.56	1.56	1.56
剩磁量(mT)	0.2	0.4	1.5	0.5	3.8	12.0	1.0	2.7

　　绘制铁磁体剩磁数值分布图,根据雷电泄流通道剩磁较小,周边铁磁体剩磁较大,且随距离逐渐减小的原则,确定雷电泄流通道。

　　当确定独立的构筑物为雷电疑似闪击对象,且无法确定其闪击点时,可对该构筑物及其周围的金属构件进行剩磁测量分析并加以确定雷电通道。

　　(3)雷电闪击点的调查

　　检测泄流通道的最高点,主要检查雷电泄流通道处于 LPZ0 区的金属构件,特别是处于凸出位置、建筑物转弯处等特殊位置的金属构件,当发现金相异常时,应着重检查异常部位的金相变化痕迹特点。具体调查方法见附录 8,根据附录 8 的调查确定雷击点的雷电流强度。

7.2.4　产生电磁辐射的泄流通道雷电流强度的调查方法

　　独立的构筑物遭受雷电闪击时,雷电泄流强度为闪击雷电流,该雷电流强度可自闪电定位仪查询。

　　当雷电闪击具有多条引下线的建筑物时,应考虑受损设备所处空间的高度对应泄流通道楼层,根据附录 1 求得分流系数,然后计算该层的分流情况(如图 7.2)。

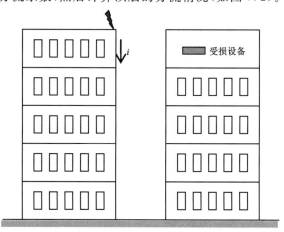

图 7.2　受损设备空间对应的分流系数

该层对应的雷电流强度见下式。

$$i_{分流} = i_{雷电流} \cdot k_c = i_{雷电流} \cdot \left(\frac{1}{2n} + 0.1 + 0.2 \times \sqrt[3]{\frac{c}{h1}}\right) \tag{7.2}$$

式中：$i_{分流}$ 为雷电泄流通道的分流强度(kA)；

　　　$i_{雷电流}$ 为雷击点的雷电流强度(kA)；

　　　k_c 为分流系数；

　　　n 为引下线条数；

　　　c 为闪击点至引下线的最短距离(m)；

　　　h 为单层楼的层内高度(m)。

7.2.5　设备空间磁场强度的调查

(1)当设备处于 $LPZ0_A$ 区或 $LPZ0_B$ 区,雷击点在设备附近且设备自身无屏蔽层时,设备空间的磁场强度的调查方法。

设备空间的磁场强度可由式(7.3)计算求得：

$$H_0 = i_0/(2\pi S_a) \tag{7.3}$$

式中：H_0 为无屏蔽时所产生的无衰减磁场强度(A/m)；

　　　i_0 为雷电流(A),直接查询闪电定位系统或按分流情况计算求得；

　　　S_a 为雷击点与屏蔽空间之间的平均距离(m)。

(2)当设备处于 $LPZn$ $(n\geqslant1)$ 区且雷击点处于建筑物附近时,设备空间的磁场强度调查方法。

此时,设备空间的磁场强度可由式(7.4)计算求得。

在格栅形大空间屏蔽内,即在 $LPZ1$ 区内的磁场强度,应按下式计算：

$$H_1 = H_0/10^{SF/20} \tag{7.4}$$

式中：H_1 为格栅形大空间屏蔽内的磁场强度(A/m)；

　　　SF 为屏蔽系数(dB)。按表 7.5 所列的公式计算。

表 7.5　格栅形大空间屏蔽的屏蔽系数

材料	SF(dB)	
	25 kHz[1]	1 MHz[2] 或 250 kHz
铜/铝	$20 \cdot \log(8.5/w)$	$20 \cdot \log(8.5/w)$
钢[3]	$20 \cdot \log\left[(8.5/w)/\sqrt{1+18 \cdot 10^{-6}/r^2}\right]$	$20 \cdot \log(8.5/w)$

注：w 为格栅形屏蔽的网格宽(m)；r 为格栅形屏蔽网格导体的半径(m)；当计算式得出的值为负数时取 $SF=0$；若建筑物
　　具有网格形等电位连接网络,SF 可增加 6 dB。

①适用于首次雷击的磁场；

②1 MHz 适用于后续雷击的磁场,250 kHz 适用于首次负极性雷击的磁场；

③相对磁导系数 $\mu_r \approx 200$。

表 7.5 中,屏蔽系数 SF 的计算值,仅对在屏蔽空间且距离屏蔽层的临界安全距离大于下式要求时方可有效。

当 $SF \geqslant 10$ 时：$d_{s/1} = \omega^{SF/10}$

当 $SF < 10$ 时：$d_{s/1} = \omega$

式中: $d_{s/1}$ 为安全距离(m);

ω 为格栅形屏蔽的网格宽(m);

SF 为表 7.4 中计算的屏蔽系数。

在式(7.3)计算设备空间的磁场强度 H_0 时,雷击点在建筑物附近的磁场强度最大的最坏情况下,按建筑物的防雷类别、高度、宽度(或长度)可确定可能的雷击点与屏蔽空间之间平均距离 S_a 的最小值(见图 7.3),可按下列方法确定:

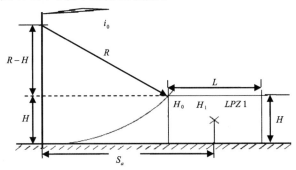

图 7.3 取决于滚球半径和建筑物尺寸的距离 S_a

对应三类防雷建筑物的滚球半径应符合表 7.6 的规定。滚球半径可按(7.5)式计算:

$$R = 10(i_0)^{0.65} \tag{7.5}$$

式中: R 为滚球半径(m);

i_0 为最大雷电流(kA)。按附表 2.1、2.2 和附表 2.3 的规定取值。

表 7.6 不同类别建筑物与最大雷电流对应的滚球半径

防雷建筑物类别	最大雷电流(kA)			对应的滚球半径(m)		
	正极性首次雷击	负极性首次雷击	负极性后续雷击	正极性首次雷击	负极性首次雷击	负极性后续雷击
第一类	200	100	50	313	200	127
第二类	150	75	37.5	260	165	105
第三类	100	50	25	200	127	81

雷击点与屏蔽空间之间的最小平均距离,应按下列公式计算:

当 $H < R$ 时:

$$S_a = \sqrt{H(2R - H)} + L/2 \tag{7.6}$$

当 $H \geqslant R$ 时:

$$S_a = R + L/2 \tag{7.7}$$

式中: H 为建筑物高度(m);

L 为建筑物长度(m)。

(3)设备处于 $LPZ1$ ($n \geqslant 1$)区,且雷击点在建筑物自身(格栅形金属大空间或与之相连的接闪器)时,其设备空间的磁场强度可由(7.8)式求得:

$$H_1 = k_H \cdot i_0 \cdot w / (d_w \cdot \sqrt{d_r}) \tag{7.8}$$

式中: H_1 为安全空间内某点的磁场强度(A/m);

d_r 为所考虑的点距 $LPZ1$ 区屏蔽顶的最短距离(m);

d_w 为所考虑的点距 $LPZ1$ 区屏蔽壁的最短距离(m);

k_H 为形状系数($1/\sqrt{m}$),取 $k_H = 0.01$ ($1/\sqrt{m}$);

w 为 $LPZ1$ 区格栅形屏蔽的网格宽(m)。

式(7.8)的计算值仅对设备处于安全空间,且安全空间的距屏蔽格栅的距离大于临界安全距离时方可有效,安全空间距离屏蔽格栅的临界安全空间距离为:

当 $SF \geqslant 10$ 时: $d_{s/2} = \omega \cdot SF/10$

当 $SF < 10$ 时: $d_{s/2} = \omega$

式中: $d_{s/2}$ 为临界安全空间距离(m)。

当设备处于 $LPZn + 1$ 区内的磁场强度可按(7.8)式计算:

$$H_{n+1} = H_n/10^{SF/20} \tag{7.9}$$

式中: H_n 为 $LPZn$ 区内的磁场强度(A/m);

H_{n+1} 为 $LPZn + 1$ 区内的磁场强度(A/m);

SF 为 $LPZn + 1$ 区屏蔽的屏蔽系数。

(4)屏蔽效率的计算。

在同一条件下,在室外与室内接受的磁场强度之比。

$$S_H = 20\lg(H_0/H_1) \tag{7.10}$$

式中: S_H 为屏蔽效率(dB);

H_0 为没有屏蔽的磁场强度(A/m);

H_1 为有屏蔽的磁场强度(A/m)。

通过屏蔽,将大量衰减磁辐射,在同一原始场强的情况下,衰减量见表7.7。

表 7.7　屏蔽效率与衰减量对应表

屏蔽效率(dB)	20	40	60	80	100	120
衰减量(%)	90	99	99.9	99.99	99.999	99.9999

7.2.6　受损设备的磁感应强度的调查方法

空间设备的磁感应强度可通过式(7.11)计算求得。

$$B = \mu_0 \cdot H \tag{7.11}$$

式中: B 为磁感应强度(T),1 T=1 N/(A · m);

μ_0 为真空磁导率,1 $\mu_0 = 4\pi \cdot 10^{-7}$ N/A²;

H 为磁场强度(A/m)。

7.2.7　磁场强度分析法——雷电电磁脉冲危害的鉴定方法

通过对受损电子电气设备几个主要因子进行调查分析,当调查结果符合下面条件时,可确定该次事故为雷电电磁脉冲危害所致:

①设备受损的时间须与雷电的闪击时间相吻合;

②雷电的闪击点应位于受损设备的附近较近距离或者受损设备空间自身;

③设备受危害的时段内,设备连接的载流线路无供电网络过电压与雷电过电压;

④雷电电磁脉冲产生的电磁辐射在设备空间形成较强的磁场强度,且受损设备的磁感应强度大于设备的耐磁感应能力;

⑤受损设备位于空间的距离小于其临界安全距离。

当调查结果符合上述条件时,可断定该受损设备为雷电电磁脉冲危害所致,并且将该鉴定方法称为磁场强度分析法。

第8章　闪电感应危害的特点与鉴定

雷电闪击时,在其附近导体上产生闪电静电感应与闪电电磁感应,闪电静电感应产生于雷电对地闪击的瞬间,以雷云与大地金属构筑物之间的电容形式存在;闪电电磁感应产生于对地闪击过程中,形成于泄流通道的周边,一次雷电闪击过程,闪电静电感应与电磁感应是同时存在的,但是其危害程度有所不同。本章主要介绍闪电的静电感应与电磁感应的危害特点及其调查鉴定方法。

8.1　闪电静电感应危害电子电气设备的特点

雷电静电感应危害存在于雷电放电的瞬间,其危害介质为地面带有高电荷的金属构件,包括架空电缆、信号线路、金属屋面等各种金属构件。由于雷雨云放电的瞬间,受静电感应而带有等量异种电荷的地面介质,存在一定的散流阻抗,电荷散失较雷电闪击缓慢,与较远处的低电荷区相比较而言,该处便形成了较高的电势产生过电流并影响该线路的电子电气设备,过电压较高时设备即遭受损坏。

8.1.1　雷电静电感应在金属屋面的危害特点

雷雨云形成过程中,金属屋面受到感应(如图 8.1),聚集与雷雨云等量的异种电荷,雷电闪击瞬间,雷云中的电荷被地面电荷中和,但是金属屋面由于与地面存在一定的电阻,屋面感应电荷不能以雷电闪击速度消散,在雷电闪击瞬间,可以把金属屋面与地面间看似一个电容,其之间的电压为:

$$U_0 = Q/C \qquad (8.1)$$

式中:U_0 为金属屋面的电压即感应电压的最大值(V);

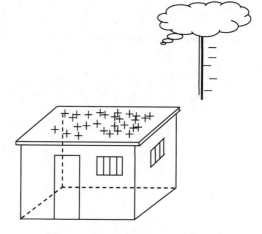

图 8.1　金属屋面静电感应示意图

Q 为金属屋面上的电荷(C);

C 为金属屋面对地电容(F)。

在电荷逐渐消散过程中,金属屋面对地面的电势变化关系见(8.2)式:

$$u = U_0 e^{-\frac{t}{RC}} \qquad (8.2)$$

式中:R 为金属屋面对大地的散流电阻(Ω);

C 为金属屋面对雷云间的电容(F);

Q 为金属屋面积累的电荷量(C);

t 为云地闪击瞬间为 0，闪击后延续的时间(s)。

8.1.2　雷电静电感应在架空线路上的危害特点

（1）架空线路位于雷电流通道 65 m 之外时，架空线路的感应电势特点

架空线路在雷雨云形成过程中受到感应（如图 8.2），聚集与雷雨云等量的异种电荷，雷电闪击瞬间，雷云中的电荷被地面电荷中和，架空线路上的电荷快速向线路的两端运动，形成过电压波。其电势 U_g 为：

$$U_g = k_p \times \frac{hI_m}{d} \qquad (8.3)$$

式中：U_g 为架空线路过电压幅值(kV)；

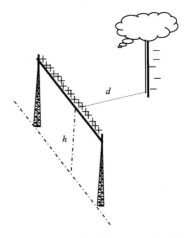

图 8.2　架空线路静电感应示意图

　　　　I_m 为雷电流幅值(kA)；

　　　　d 为雷电闪击点至架空线路的垂直距离(m)；

　　　　h 为架空线路的距地面垂直高度(m)；

　　　　k_p 为比例系数，具有电阻量纲，近似为 25Ω，该比例系数的取值是指闪击点距离架空线路大于 65 m 的情况。

（2）架空线路位于雷电流通道小于 65 m 时，架空线路的感应电势特点

当雷电流通道与架空线路间距离小于 65 m 时，对于一般高度的线路，其感应电压的最大值 U_g 为：

$$U_g = \alpha h \qquad (8.4)$$

式中：U_g 为感应过电压的最大值(kV)；

　　　　α 为感应过电压系数(kV/m)，取 $\alpha = \dfrac{I}{2.6}$；

　　　　h 为架空线路的距地面垂直高度(m)。

（3）当架空线路的上方具有接闪线时，架空线路的感应电势特点

在架空线路的上端设置有接闪线时，架空线路的感应电势 U_{g1} 为（周洁等，2007）：

$$U_{g1} = U_g - k_0 U_g = U_g(1 - k_0) \qquad (8.5)$$

式中：k_0 为接闪线与架空线路间的几何耦合系数，见附表 9.1。

8.2　雷电电磁感应危害电子电气设备的特点

雷电在闪击金属构件或者雷电流沿金属体泄放过程中，在其闪击点与泄流通道周围便会形成强大的电磁场。位于其附近的闭合线圈因磁力线作用而产生过电流，当金属线圈存在一定的间隙时，线圈间隙的两端点处便会产生较大的感应电压。大量实验表明，当金属体切割磁力线或者闭合的部分线圈内磁力线发生变化时皆可产生感应过电压、过电流。

如图 8.3 所示，一长方形开口金属环（长 X、宽 L），距离泄流通道 d，当泄流通道有 I 的雷电流通过时，间隙金属环上最大感应电压为：

$$E_m = -M\frac{\mathrm{d}I}{\mathrm{d}t} \qquad (8.6)$$

式中: E_m 为感应电势(V);

  M 为互感系数(H);

  dI/dt 为闪电电流变化率(A/s)。

根据电磁场理论并结合式(2.12)可知:

$$E_m = 2 \times 10^{-7} L \cdot \ln[(X+d)/d] \cdot dI/dt \tag{8.7}$$

假如距离泄流通道 100 m 的空间有一长方形开口金属环($L=5$ m、$X=2$ m),如图 8.3 所示,雷电流的峰值为 50 kA,取雷电闪击波头时间为 1.0 μs,开口处的电压也高达 1 kV。如此高的电压,假如其间隙为零点几毫米,那么在油气的环境中就会发生火花,导致爆炸。

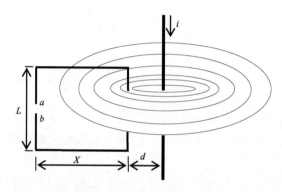

图 8.3 雷电流对附近开口金属环电磁感应示意图

8.3 雷电静电感应危害电子电气设备的调查与鉴定

闪电感应危害电子电气设备,实质也是通过过电压形式造成设备的损坏,关键是通过调查确定产生过电压的感应介质、载流介质及雷电流强度。

鉴定闪电感应危害电子电气设备时,应充分调查分析并确定以下几个方面的因子:

①确定设备受损的时间、地点与灾情;

②确定受灾设备工作电压运行状态;

③确定雷电闪击点、闪击时间、雷电流强度;

④确定雷电闪击点及泄流通道与受损设备及其连接线路的关系;

⑤确定设备受损的过电压或者过电流;

⑥确定受损设备的耐冲击电压能力。

8.3.1 灾情调查

(1)电子电气设备受损程度调查

检查设备内部电子元器件的损坏数量、位置及连接线路。受损设备的工作运行电压可自设备资料中查询。

(2)受损设备的耐冲击电压能力的调查

不同设备具有不同的耐冲击电压能力,详情见表 6.1。

8.3.2　受损设备雷电过电压的路径、雷击点与架空线路的关系调查方法

在确定雷电过电压的危害前,应排除操作过电压的危害,其调查方法见第 13 章有关介绍。自架空线路产生过电压的雷电危害方式有直接雷击、电磁感应、静电感应等,第 6 章脉冲过电压的危害调查鉴定方法中,危害路径的调查方法已经介绍。

(1)调查线路的高电压区域与周边建(构)筑物的关系,确定雷电危害线路的方式

检查线路所处的防雷区,特别是"受危害"段线路,当线路处于较高建(构)筑物附近时,应计算线路是否处于其防雷设施保护范围,利用下式对受危害线路附近建(构)筑物或者其防雷设施的保护范围进行计算,当受危害线路处于其保护范围时,应断定受危害线路非直接雷击,可确定为雷电感应所为。

$$r_x = \sqrt{h(2h_r - h)} - \sqrt{h_x(2h_r - h_x)} \tag{8.8}$$

式中:h_r 为滚球半径;

m,第一类防雷建筑物为 30 m,第二类防雷建筑物为 45 m,第三类防雷建筑物为 60 m;

h 为接闪杆高度(避雷针),m;

h_x 为被保护物的高度,m。

(2)根据受危害线路与雷电泄流通道的关系,判定雷电感应方式

检查产生过电压的线路与雷电主泄流通道的关系,当受危害线路与泄流通道垂直时,应考虑静电感应的危害。具有一定面积的闭合线圈,且平面与泄流通道平行时,线圈内电力线发生变化,线缆则产生电磁感应过电流,此时,雷电的危害方式为电磁感应。

8.3.3　雷击点、雷电通道及其与受危害线路距离的调查方法

依据附录 8 确定雷击点,并由此确定雷电监测系统中该次闪击的雷电流强度或强度范围。

(1)雷电泄流通道的调查方法

雷电泄流通道的调查。当闪击点为独立的金属构件时(接闪针、通讯铁塔等),无法对闪击点的金相检测时,可采用剩磁量分析法,对疑似雷电泄流通道及其附近金属构件进行剩磁量测量,当测量结果表现为疑似金属构件剩磁量较小,附件较大,并随距离逐渐减小时,可确定该疑似金属构件为泄流通道。剩磁量鉴定法见附录 5。

(2)雷电流泄流通道与受损线路的关系调查

确定泄流通道后,当闪击点距离受损设备的连接线路小于 2 km 时,测量该通道距与受损设备连接线路的最短垂直距离及线路该点距地面的高度(图 8.2 中的 h 与 d),当两点在可视范围时,可利用测高仪进行距离与高度的测量,当无法直接测量时,可利用经纬度进行计算,计算方法见附录 8。

8.3.4　静电感应时受危害线路的雷电过电压调查方法

当受感应的架空线路大于 65 m 时,可根据式 $U_g = k_p \times \dfrac{hI_m}{d}$ 计算求得其线路感应的过电压。

当雷电流通道与架空线路间距离小于 65 m 时,对于一般高度的线路,其感应电压的最大值 U_g 为:

$$U_g = \alpha h \tag{8.9}$$

当架空线路的上部具有接闪线时,架空线路的感应过电压可根据下式计算求得:

$$U_g = U_g - k_0 U_g = U_g(1 - k_0) \tag{8.10}$$

通过调查,确定受危害线路的雷电感应电压,同时根据线路的分支情况,确定危害设备的过电压。

8.3.5 静电感应危害电子电气设备的鉴定方法

通过对雷电静电感应危害电子电气设备几个主要因子进行调查分析,当调查结果符合下面条件时,可确定该次事故为雷电感应危害所致:

①设备受损(或者易燃易爆场所火灾事故)的时间须与雷电的闪击时间相吻合;

②雷电的闪击点应位于受损设备或者火灾现场的较近距离(小于 2 km),但是闪击点非与受损设备连接的架空线路。

③设备受损的时段内,设备连接的载流线路无操作过电压;

④静电感应危害时,设备受损的过电压来自架空线路,平行零地面的架空线路;

⑤受损设备的过电压大于设备自身的耐冲击电压能力。

当调查结果符合上述条件时,可断定该受损设备为雷电感应危害所致。

8.4 雷电电磁感应雷击事故的调查与鉴定

雷电的闪击时间、地点、雷电流强度,雷电闪击点等资料的调查在雷电静电感应部分已经介绍,下面就着重介绍雷电电磁感应有关调查的项目与方法。

8.4.1 雷电流泄流通道及产生危害雷电流强度的调查方法

当雷击点为独立的金属构件时,其雷击点雷电流即是泄流通道雷电流。

泄流通道及泄放雷电流强度的调查。当确定了雷电闪击点后,根据闪击点处金属构件的连接情况确定雷电分流线路,然后根据附录1计算各泄流通道的雷电流强度。

电磁感应的危害,多发生在易燃易爆空间的闭合金属构件或者闭合线路,由于这些闭合金属构件的闭合程度原因,存在一定的间隙,而闭合的设备线路间,存在设备连接。

8.4.2 易燃易爆物品空间灾情的调查方法

(1)易燃易爆物品爆炸时间、地点的调查方法

易燃易爆物品的管理比较严格,易燃易爆物品仓储皆有专人看管,当有意外事故出现时,皆有记录记载,因此,易燃易爆物品发生爆炸燃烧的时间可直接查询值班记录。事故场所的调查可直接利用经纬仪测量,其测量精度应与闪电定位仪数据精度保持一致。

(2)易燃易爆物品空间情况的调查方法

调查易燃易爆物品所处空间的基本情况,如露天存放、砖混建筑物存放、钢筋混凝土建筑物存放、彩瓦钢构建筑物存放。

当易燃易爆物品处于露天场所、砖混建筑物时,这些场所的雷电磁场强度没有衰减,雷电感应的概率较强。

当易燃易爆物品处于钢筋混凝土建筑物内时,由于这些场所的雷电磁场强度有部分衰减,

雷击感应的概率明显减小。

　　当易燃易爆物品处于彩瓦钢构建筑物时,由于这些钢结构具有较强的屏蔽作用,因此遭受雷电感应的概率较小。

　　(3)易燃易爆物品附近金属构件基本情况的调查方法

　　当易燃易爆物品处于砖混结构的建筑物内或者露天存放时,调查该物品自身或者附近的金属构件的连接方式、形状、尺寸以及与泄流通道间的距离、夹角,特别注意的是金属构件的微小间隙。

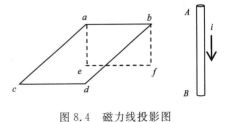

图 8.4　磁力线投影图

　　当金属构件呈环形状态时,应检查金属环的连接情况,是否存在间隙,当金属环存在微小间隙时,应采用长度测量工具测量该金属环与雷电泄流通道的间距,计算与泄流方向平行的金属环投影尺寸(如图 8.4)。

8.4.3　雷电泄流通道与磁感应线圈关系的调查方法

　　电子电气设备遭受雷电电磁感应而遭受损坏,主要是连接设备的线路出现闭合状况并切割雷电感应磁力线(如图 8.5)。因此,在确定设备受损或者造成易燃易爆空间灾情时,主要确定磁感应线圈的基本情况及其与雷电泄流通道的关系,即可确定设备的过电压(或间隙电压)。

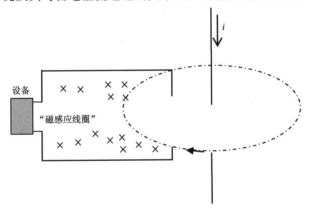

图 8.5　雷电电磁感应示意图

　　检查与受损设备连接的线路状况,确定环路的基本情况。

　　当开路金属环路位于 LPZ0 区时,可直接测量其长度与宽度,当其形状不规则时,可计算其面积,其宽度可采用米尺等测量工具测量,距泄流通道的距离可采用激光测量仪进行测量。

　　根据公式 $E_m = 2 \times 10^{-7} L \cdot \ln[(X + d)/d] \cdot dI/dt$,计算磁感应线圈产生的过电压。

　　假定闭合线路(金属构件)的长、高分别为 5 m 和 3 m,雷电闪击的峰值时间为 2~5 μs,按照经验取峰值为 2.5 μs,造成设备损坏(脉冲过电压大于设备的耐冲击电压,即大于 1.5 kV)的磁感应过电压与距离(磁感应线圈与泄流通道的间距)、雷电流关系见表 8.1。

　　从表中可以看出,只有距离泄流通道较近处的磁感应线圈可以感应过电压,而距离泄流通道较远的位置,其磁感应电压非常弱小,无法达到危害的目的。

表 8.1　磁感应过电压与距离、雷电流关系一览表

磁感应电压	50 m	100 m	150 m	200 m
66 kA	1.5 kV	—	—	—
100 kA	2.3 kV	—	—	—
150 kA	3.4 kV	1.8 kV	—	—
200 kA	4.6 kV	2.4 kV	1.6 kV	—

雷击建筑物附近,开路金属环位于 LPZ1 区时(如图 8.6),开路电压见下式:

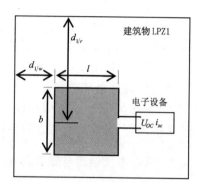

图 8.6　环路中的感应电压与电流

$$U_{OC/max} = \mu_0 \cdot b \cdot l \cdot H_{1/max}/T_1 \qquad (8.11)$$

式中:$U_{OC/max}$ 为环路开路最大感应电压(V);

　　μ_0 为真空的磁导系数,为 $4\pi \times 10^{-7}$(V·s)/(A·m);

　　b 为环路的宽(m);

　　l 为环路的长(m);

　　$H_{1/max}$ 为 LPZ1 区内最大的磁场强度(A/m);

　　T_1 为雷电流的波头时间(s)。

若略去导线的电阻,开路环路的电流见下式:

$$i_{\frac{SC}{max}} = \mu_0 \cdot b \cdot l \cdot H_{\frac{1}{max}}/L \qquad (8.12)$$

式中:$i_{SC/max}$ 为最大短路电流(A);

　　L 为环路的自电感(H),按(8.13)式计算:

$$L = \{0.8\sqrt{l^2+b^2} - 0.8(l+b) + 0.4l \cdot \ln[(2b/r)/(1+\sqrt{1+(b/r)^2})] +$$
$$0.4b \cdot \ln[(2l/r)/(1+\sqrt{1+(l/b)^2})]\} \times 10^{-6} \qquad (8.13)$$

式中:r 为环路导体的半径(m)。

雷电直接闪击建筑物,且开路金属环位于 LPZ1 区时,开路电压见下式:

$$U_{OC/max} = \mu_0 \cdot b \cdot \ln(1+l/d_{1/w}) \cdot k_H \cdot (\omega/\sqrt{d_{1/r}}) \cdot i_{0/max}/T_1 \qquad (8.14)$$

若略去导线的电阻,开路环路的电流见下式:

$$i_{SC/max} = \mu_0 \cdot b \cdot \ln(1+l/d_{1/w}) \cdot k_H \cdot (\omega/\sqrt{d_{1/r}}) \cdot i_{0/max}/L \qquad (8.15)$$

经过调查计算,确定磁感应过电压与过电流。

8.4.4　雷电感应损坏电子电气设备(磁感应线圈)的鉴定

通过对雷电感应危害电子电气设备几个主要因子进行调查分析,当调查结果符合下面条件时,可确定该次事故为雷电电磁感应危害所致:

①设备受损(或者易燃易爆场所火灾事故)的时间须与雷电的闪击时间相吻合;

②雷电的闪击点应位于受损设备或者火灾现场的较近距离(小于 2 km);

③设备受损的时段内,设备连接的载流线路无操作过电压;

④设备受损或者线圈间隙闪击的过电压来自独立的磁感应线圈,平行于泄流通道,磁感应线圈的面积影响过电压值;

⑤受损设备的过电压大于设备自身的耐冲击电压能力。

当调查结果符合上述条件时,可断定该受损设备为雷电电磁感应危害所致。

第9章　雷电机械效应危害的特点与鉴定

　　雷电闪击金属构件时,雷电流沿金属构件泄放入地,根据物理学可知,雷电放电载流导体周围可形成磁场,由安培定律可知,在磁场中的载流导体会产生电动力。雷电流较强时,两导体间将产生一个强大电动力,该电动力足以造成金属线路的弯曲、断裂,甚至造成金属导体附属物体的脱落、损坏。本章主要介绍雷电机械效应破坏非载流金属导体(非供电线路)的特点与鉴定方法。

9.1　雷电机械效应危害的特点

　　雷电机械效应的危害主要是由雷电直接闪击造成的,受损点多发生在闪击点或者其附近雷电流较强的泄流通道,其主要原因是这些区域的雷电流尚未分流,脉冲电流较强,因此产生的电动力也较大。

9.1.1　雷电机械效应对同体金属构件的危害特点

　　由安培定律可知,在同一导体中,金属导体的形状、设置方式等均是雷电产生机械效应的重要因素。由式(2.7)可知,金属导体的夹角(小于 90°)与电动力的大小成反比,角度愈大电动力越小,反之则越大。

　　当独立导体的夹角为 90°时,垂直方向的金属导体处于水平设置的金属导体产生的电磁场中时,会产生电动力(F_1)的作用,同样水平方向的金属导体处在垂置方向金属导体产生的电磁场时,也会产生电动力(F_2)的作用,距离夹角越远电动力愈小(如图 9.1)。

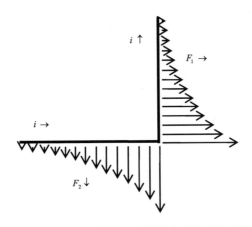

图 9.1　雷电流通过直角金属导体产生电磁力示意图

当独立设置的雷电载流导体的夹角小于 90°时,其受力方向恰恰相反,雷电流较大时,金属导体将会出现分裂现象。

建(构)筑物防雷设施在设置过程中,易沿建(构)筑物自然形成的造型设置,这样就会产生许多小于 90°夹角,常见建筑物防雷设施设置中,存在的问题多出现在接闪器的转弯处、接闪器与引下线连接部位、接闪器与建筑物内部构件之间等部位。如图 9.2,根据安培定律可知,房檐的接闪器载流时其夹角极易产生反方向的电动力,造成接闪器的断裂、混凝土的脱落。较大金属构筑物中,较细易燃易爆气体(或者易燃易爆液体)传输管道,遭受此电动力作用时将会造成重大事故。

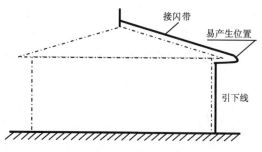

图 9.2　雷电电动力易产生位置示意图

9.1.2　雷电机械效应对异体载流构件的危害特点

两条近距离设置的金属体,当其中一条金属构件为载流导体,而另外一条金属构件恰有雷电流通过时,两条金属构件间将会产生电动力的作用(如图 9.3)。当间距较近且通过电流的方向相反时,两金属导体之间的作用力为排斥力;当通过两相距较近金属导体的电流方向相同时,两金属导体间产生吸引力。

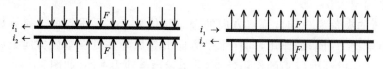

图 9.3　异体金属构件电动力作用示意图

当通过导体的雷电流较强时,导体间就会产生较大的电动力作用,该作用力会造成金属构件的弯曲或断裂。

9.2　雷电机械效应危害的调查鉴定方法

建(构)筑物防雷设施、金属管道、导线等金属构件遭受机械作用的破坏,原因有多种,常见有电力系统的操作过电压、雷电过电压、外力作用,因此,在确定雷电流机械效应的破坏作用时,应排除外力撞击与电力系统操作过电压产生的作用力,方可确定雷电为疑似危害主体。

鉴定雷电机械效应的危害作用,应调查并确定以下几个方面的因子:

①确定物体受损的时间、地点、受损程度、载流情况及与周边金属构件的关系,受损物体的强度;

②确定导体的短路电压情况、外力情况;

③确定云地闪电的闪击时间、地点、电流强度；

④ 确定雷电闪击点与泄流通道；

⑤确定受损物体的形状及与泄流通道的关系；

⑥确定受损物体的过电流情况；

⑦确定受损物体的电磁力情况。

9.2.1　灾情调查方法

雷电危害的灾情发生时间、地点调查方法前面章节已经介绍，现就雷电机械效应的危害灾情调查介绍如下：

①受损程度的调查。调查受损金属构件的材质，测量受损金属构件材料的直径或截面积，检查受损金属构件的固定方式，调查金属构件的断裂情况或偏移距离。

②受灾物体的载流调查。根据使用性质确定其载流情况，将受损金属构件分为载流导体与非载流导体。

③受损金属构件与周边载流导体关系的调查。调查金属构件受损时，受损金属构件与架空高压线路的间距，架空高压线路的高度，金属构件受损时，是否存在架空高压线路与受损金属构件间的短路情况。

④金属构件张力（金属构件屈服力）的调查计算。过电压产生的电动力是否能产生危害还要取决于金属构件的屈服力，当过电压导体间（或过电压导体与载流导体间）产生的电动力大于金属构件的屈服力时，金属构件则发生变形或者断裂。根据 GB50010—2010《混凝土结构设计规范》可知，金属构件屈服力可由式（9.1）计算求得：

$$f_{yk} = F_O / A_O \tag{9.1}$$

式中：f_{yk} 为金属材料的屈服强度（N/mm^2），见表 9.1；

　　　F_O 为金属材料的屈服力（N）；

　　　A_O 为金属材料的截面积（mm^2）。

表 9.1　常见金属材料的屈服强度表

品牌	符号	公称直径 d(mm)	屈服强度标准值 f_{yk}(N/mm^2)	极限强度标准值 f_{stk}(N/mm^2)
HPB300	Φ	6～22	300	420
HRB335	Φ	6～50	335	455
HRBF335	$Φ^F$	6～50	335	455
HRB400	Φ	6～50	400	540
HRBF400	$Φ^F$	6～50	400	540
RRB400	$Φ^R$	6～50	400	540
HRB500	Φ	6～50	500	630
HRBF500	$Φ^F$	6～50	500	630

注：①$Φ^F$ 为细晶粒热轧带肋钢筋直径；$Φ^R$ 为余热处理带肋钢筋直径。

9.2.2　受损金属构件与周边线路关系的调查方法

（1）受损金属构件与架空线路的间距调查方法

调查受损金属构件与架空高压线路的间距,应测量其垂直距离,测量方法可利用长度测量工具也可使用距离测量仪进行测量。

（2）架空高压线路的地平高度调查方法

调查架空高压线路的高度时应与受损金属构件的地平高度相对一致,实测高度可利用测高仪进行测量。分析高度与间距的关系,确定其安全距离。

如图 9.4 所示,当架空高压线路的短路长度与受损金属构件间距达到 D 距离时,可认为架空线路具有与受损金属构件短路的较大概率。

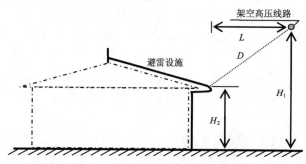

图 9.4　架空线路与防雷设施关系图

$$D = \sqrt{(H_1 - H_2)^2 + L^2} \tag{9.2}$$

式中:D 为架空高压线路距离受损金属构件的间距(m);

　　　H_1 为架空高压线路的高度(m);

　　　H_2 为受损金属构件的高度(m);

　　　L 为架空高压线路与受损金属构件的水平间距(m)。

（3）架空高压线路的输送电压调查

该电压可自供电部门调查即可。通过调查,排除短路电压形成的因素。

9.2.3　外力损坏金属构件的调查

金属构件受损的外部因素调查。

金属构件受损的人为外力损坏应具备几个因素,第一是正常工作的意外因素所造成,第二是非正常工作中其他金属构件的碰撞因素所造成。第一条因素的调查,可查询施工记录即可确定,第二条因素的调查,可检查受损金属构件的外力痕迹,如人力扭曲、铁锤撞击、扳钳扭动等外力影响因素时,皆能留下破坏工具的金属体创击痕迹、扭曲痕迹。金属构件的损坏可根据工具痕迹判定即可。通过调查,确定或者排除其他外力因素的损坏。

当受损金属构件处无短路电流通过时,且无外力因素造成金属构件的损坏时,可确定造成损坏的外力疑似为雷电流电动力所为,但是要确定雷电流造成的危害,还应确定雷电闪击点并且具备足够大的雷电流强度。

9.2.4　雷击点的调查方法

利用时间、地点相吻合的特点进行雷击点的确定,雷电闪击时间就是金属构件受损时间,雷电闪击地点应处于受损物体附近。根据附录 8 的有关方法调查雷击点,同时对该雷击点的剩磁量依据附录 5 的方法进行检测,剩磁量检测数值为较高点,利用附录 6 的金相法检查该雷击点,该点熔珠应表现为二次短路熔珠特点。

当无条件对该熔珠进行分析鉴定时,可采样送交熔痕短路分析资质单位检测。确定了雷击点的同时,根据闪电监测系统也就确定了该雷击点的雷电流强度。

9.2.5　受损点雷电流强度的调查方法

当受危害导体与闪击导体为同一非载流导体时(如图 9.5),可直接测量雷击点、受损点及其附近的金属剩磁量,以确定受损点的雷电流强度。根据剩磁量的变化与雷电流关系确定受损点的雷电流强度。

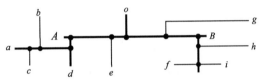

图 9.5　链接关系示意图

当受危害线路为载流导体时,其自身剩磁量大于 1.0 mT 时可判断该导线曾有雷电流通过。

受损点雷电流强度的调查方法:根据各金属构件的连接情况,依据附录 1 分流系数结合图 9.5 进行分流计算,以确定受损金属构件的雷电流分量。

9.2.6　受损金属构件的形距特点与雷电流电动力的调查方法

调查受损金属构件受灾前的形状、位置、固定方式,对受损金属构件进行灾前状态虚拟恢复,使其位置、角度、间距基本达到灾前的情形,以计算雷电流电动力。

(1)受损金属构件(雷电流损坏)与载流导体间电动力的计算

当雷电闪击金属导体附近存有载流导体时,首先调查其间距与导体的载流情况。间距较小(如图 9.6),可确定雷电电动力危害的概率较大。

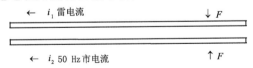

图 9.6　载流体与雷电流损坏导体异体情况

其两导体间电动力可根据下式计算求得:

$$F = 1.02 \times \frac{2L_0 \cdot i_1 \cdot i_2}{d} \times 10^{-8} \tag{9.3}$$

式中:F 为为导体间的电动力(kg);

L_0 为导体的长度(m);

i_1、i_2 为导体的电流(A);

d 为导体的间距(m)。

式中闪电的闪击电流(i_1)可自闪电资料求得,当导体具有多条分支时,可根据线路分流情况求得产生危害的金属导体电流。

载流导体的电流可根据载流电压与负载情况求得:

$$i_2 = U/R \tag{9.4}$$

式中:i_2 为导体的电流(A);

U 为导体的电压(V);

R 为导体的电阻(Ω)。

当雷电流泄流导体附近的金属导体为非载流导体时,根据电动力公式可知,其一金属导体的电流为 0 时,导体间的电动力也为 0,因此金属导体的受害原因可排除雷电所为。

(2)受损金属构件为同一体时电动力的计算

当受损金属构件为同一体时(如图 9.7),根据电动力公式可知,直立的金属导体即使其存在高电流,但是其产生的电磁场无法对自身产生电动力作用,当存在夹角时方可产生一定的电动力,该电动力的大小可根据电动力公式求得。

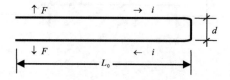

图 9.7　雷电流通过转弯导体时电动力情况

根据安培定律可知,图 9.7 中一根转弯平行的导体,当导体上通过 40 kA 的雷电流时,间距 20 cm 的导体每米的作用力为:

$$F = 1.02 \times \frac{2L_0 \cdot i_1 \cdot i_2}{d} \times 10^{-8} = 1.02 \times \frac{2 \times 1 \times 40000 \times 40000}{0.2} \times 10^{-8} = 163.2 (\text{kg})$$

计算表明,这条通流导体每米都受到 163.2 kg 的作用力,由电工学可知,这根受力导体具有强烈的外分趋势,当其外力大于自身的屈服强度时,金属构件则发生变形。

9.2.7　形距电动力分析法——雷电机械效应危害的鉴定方法

通过对雷电机械效应危害金属构件几个主要因子进行调查分析,当调查结果符合下面条件时,可确定该次事故为雷电机械效应危害所致:

①金属构件受损时间须与雷电的闪击时间相吻合,且闪击点与闪电经纬度基本吻合;

②受损金属构件无外力作用,且在金属构件受损时段内,该受损金属构件无架空高压线路的短路电流存在;

③受损金属构件附近存在平行载流导体,或者受损金属构件为夹角小于 90° 的雷电泄流金属构件;

④危害受损金属构件的雷电流产生足够的电动力,该电动力大于受损金属构件的屈服力。

当调查结果符合上述条件时,可断定该受损金属构件为雷电流机械效应危害所致。并对受危害导体的形距电动力综合分析,从而确定雷电机械效应的危害,这种方法我们称之为形距电动力分析法。

第 10 章　雷电反击的危害特点与鉴定

雷电反击是指遭受直接雷击的金属物体,接闪瞬间与大地之间存在较高的电压,这高电压对与大地连接的其他金属物体发生闪络的现象。雷电反击多发生在接闪器、引下线、接地装置与附近的金属体间。

10.1　雷电反击的危害特点

雷电反击是雷电泄流通道上某点对周边金属构件实施的闪络,这种闪络发生在不同导体之间,其间的传输介质包括空气、树木、混凝土、砖石等各种绝缘物质。雷电反击过程中,将雷电泄流通道的高电位传递到其他金属导体,并造成设备的损坏、人员伤亡。

10.1.1　瞬时高电位的形成特点

建(构)筑物遭受雷电闪击时,在防雷设施的泄流通道上将会产生电压降,该压降包括电阻压降与电感压降,相对于零电位的大地来说,防雷设施通道上会出现电位升高现象,但是由于雷电流通过的时间较短,因此雷电泄流通道上便形成了瞬时高电位(如图 10.1)。

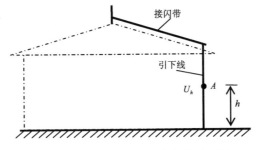

图 10.1　雷电放电时,A 点电势示意图

10.1.2　雷电反击产生的条件

雷电流在闪击泄放过程中,造成闪击点、引下线的电位升高,当其电位足够高时,泄流通道上某点则会对其周边的低电位金属构件发生闪络,使其附近的金属构件带有高电位。

雷电泄流通道能否产生反击,决定于该点的电位、电阻压降及电感压降的临界场强、介质特性、间距等因素。研究表明,空气中电阻压降的临界场强约为 500 kV/m,而电感压降是电阻压降的两倍,约为 1000～1200 kV/m,木材、砖石等非金属材料的击穿强度约为空气中强度的 1/2。在雷电流产生的电阻压降与电感压降达到临界场强,引下线与周边金属构件的间距小于雷电电阻与电感临界距离时,引下线与该金属构件间就会发生闪络(如图 10.2)。

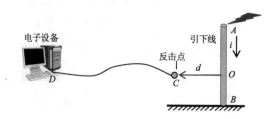

图 10.2 　电子设备雷电反击示意图

由于雷电的反击,可将雷电高电压传导至电源、信号线路等各种金属构件(低电位),甚至引入设备造成设备损坏和人员伤害。

10.2　雷电反击的调查与鉴定

遭受雷电反击的金属导体多处于雷电泄流通道附近,但是遭受雷电反击危害的设备位置则无法确定,可能就处在反击点附近并与受反击的金属导体处于同一线路上,也可能处在多次反击的其他线路,对雷电反击危害的鉴定就相当困难。确定雷电反击的关键,在于调查并确定反击点的瞬时过电压及闪击距离。本章主要介绍直击雷泄流通道雷电反击危害的调查与鉴定。

鉴定雷电反击造成的危害,应调查并确定以下几个方面的因子:

①确定电子设备受损的时间、地点、灾情;

②确定电网工作运行电压状态;

③确定受损设备与泄流通道的关系;

④确定雷电对地闪击的时间、地点、雷电流强度;

⑤确定雷电泄流通道与受损设备链接导线的间隙、该高度处的瞬时过电压、设备链接线路感应的过电压;

⑥确定反击的临界距离。

10.2.1　雷电反击受损基本情况的调查方法

灾情发生时间、地点的调查方法可参照前面章节,本节只介绍雷电反击灾情的调查方法。

(1)受损程度的调查方法

可分析线路中的集成块、电阻、电容等电子组件的损坏数量与程度,只有集成块受损时,为低程度危害,当电阻、电容也遭受危害时,可认为高程度危害。

(2)危害设备过电压的来源调查方法

正常运行的设备受损时,过电压的来源主要有三条明显路径:第一是电源线路;第二是信号线路;第三是接地系统。经电源线路进入设备的过电压,可造成电子设备的变压器损坏、机板电路集成块的损坏;经信号线路进入的过电压可造成网卡芯片的破裂、芯片击传,常规检查时出现芯片的裂痕、芯片有击穿孔;过电压自接地系统进入设备时,其渠道多为机壳,机板的悬浮地多与设备机壳连为一体,可直接造成集成块的损坏。在调查并判定设备受损过电压的线路时,应结合线路剩磁量的调查,根据受损元器件对过电压路径进行初步判定后,应再采取剩磁量分析法对线路进行吻合断定,剩磁量的检测方法可依据附录 5 进行。

10.2.2　受损设备线路过电压的调查方法

电子电气设备受损,其主要原因来自线路或者接地系统的过电压,而过电压的来源主要有两个方面,第一是供电线路的操作过电压,第二是雷电造成的线路过电压。

由于电容、电感等组件在发生故障或操作时将产生充电再充电或能量转换的过渡过程,从而形成供电线路的操作过电压。具体的操作过电压调查可依据第 13 章进行,通过调查排除了操作过电压,过电压的产生原因只有雷电过电压。

(1)调查并确定损坏设备的雷电过电压的路径

依据剩磁量调查方法,对以确定的线路进行寻源调查。由于线路自身阻抗因素,无间断、无分枝线路的剩磁量会发生轻微变化,受损设备的上端线路剩磁量较大,受损设备下端线路的剩磁量较小,当线路的某一点出现过电压时,该点与附近线路的过电压变化趋势出现如图 10.3 所示的变化特点,其剩磁量变化特点与其一致。利用剩磁量的这一变化特点,确定线路中的反击点区域。

图 10.3　雷电反击过电压随导线变化曲线

(2)雷电反击点的调查方法

检查具有雷电闪击可能性金属构件,当出现下列特点时可确定该点为雷电反击点:

第一、未出现破损,但表面出现灰白色烧痕时;

第二、当金属构件出现破损时,其破损面为圆形凹坑、表面光滑呈瓦蓝色,但是金属的金相组织气孔明显,无尖状或其他形状残留物;

第三、当金属构件熔断时,应检查熔珠。熔珠金相磨面内部气孔多而大,且不规整;与导线衔接处的过渡区界限不太明显;熔珠晶界较粗大,空洞周围的铜和氧化亚铜共晶体较多,而且较明显;熔珠空洞周围及洞壁呈鲜红色、橘红色。

通过调查,确定雷电反击点,即图 10.2 中的 C 点。

(3)雷电泄流通道的调查

雷电反击点与受闪击点多处于对称状态,一旦确定了受闪击金属构件及其闪击点,反击点即可在其附近调查并确定。在确定反击点时,应利用金相法与剩磁法对反击点的情况进行调查分析并确定。调查方法见附录 5、附录 6。

10.2.3　雷电泄流通道及雷电流强度的调查方法

确定了雷电泄流通道产生的反击,应由此调查泄流通道及雷击点及闪击雷电流强度。

(1)雷电泄流通道的调查方法

利用电阻测量仪器检测雷电反击点附近并与之相连接的金属构件,根据电阻量值确定连接情况,同时利用剩磁量测量仪检测其剩磁量。当检测阻值近似为零时,可确定为一体,分析不同位置的剩磁量情况,当反击点的剩磁量与其前端的剩磁量基本一致时,可确定为同一泄流通道,前端剩磁量大于反击点剩磁量,并且近似成倍增长时,可确定反击点为分支泄流通道。

(2)雷电闪击点的调查方法

检查与该雷电泄流通道链接的所有处于 LPZ0 区的金属构件,利用剩磁量测量仪检测这些金属构件的剩磁量,根据剩磁量大小确定闪击点区域(具体方法见附录 5)。依据附录 6 金相法调查并确定雷电闪击点。

(3)雷击点的雷电流强度的调查方法

依据附录 8 确定雷电闪击点与雷电监测系统的闪击点,由此调查并确定闪击点的雷电流强度。根据雷击点至反击点间的连接情况,依据剩磁量与雷电流的关系特点,求得反击点处的雷电流强度。

10.2.4　雷电反击过电压的调查方法

(1)反击点高度与反击距离的调查方法

利用长度测量工具测量反击距离与反击点高度。反击点距零地面高度,即图 10.2 中 OB 高度,反击距离见图 10.2 中 OC 距离。

(2)反击点过电压调查

雷电反击点的电压(图 10.2 中 O 点电压降)可由公式(10.1)计算求得,该处的雷电流可根据闪电定位资料结合分流系数计算求得(分流系数可自附录 1 查询)。泄流通道 O 点的瞬时过电压 U_O 为:

$$U_O = iR_\sim + hL_0 \frac{\mathrm{d}i}{\mathrm{d}t} \tag{10.1}$$

式中:U_O 为 A 点对大地(零电位)的瞬时电位(kV);

　　　i 为雷电流(kA);

　　　$R_\sim$ 为接地体的冲击接地电阻(Ω);

　　　h 为 A 点到接地体(零地面)的高度(m);

　　　L_0 为单位长度电感,约 1.55 $\mu H/m$;

　　　$\mathrm{d}i/\mathrm{d}t$ 为雷电流陡度($kA/\mu s$)。

当该处的瞬时电压降大于该处介质的临界电压时,该处就具备了雷电反击的电压条件。

(3)雷电临界距离的计算

雷电闪击临界距离 $d_{临界}$ 可根据式(10.2)计算。

$$d_{临界} = (IR_\sim)/E_R + (L_0 h \frac{\mathrm{d}i}{\mathrm{d}t})/E_L \tag{10.2}$$

式中:$d_{临界}$ 为雷电临界闪击距离(m);

　　　I 为雷电流(kA);

　　　$R_\sim$ 为接地体的冲击接地电阻(Ω);

　　　E_g 为电阻压降的空气临界场强(kA/m);

　　　h 为高度为 h 点到接地体(零地面)的高度(m);

　　　L_0 为泄流通道的电感($\mu H/m$);

　　　$\mathrm{d}i/\mathrm{d}t$ 为雷电流陡度($kA/\mu s$),见附表 2.1、附表 2.2、附表 2.3;

　　　E_L 为电感压降的空气临界场强(kA/m)。

电感压降的临界场强与雷电流的波头时间有关,其关系见式(10.3)。

$$E_L = 600(1 + \frac{1}{T}) \qquad (10.3)$$

式中:E_L 为电感压降的空气临界场强(kA/m);

　　T 为雷电流的波头时间(μs),见附表 2.1、附表 2.2、附表 2.3,可取 10 μs 或 0.25 μs。

当实际距离 d 小于临界距离 $d_{临界}$ 时,该处就具备了雷电反击的距离条件。

通过调查、计算与分析,确定雷电反击过电压与危害设备电压。

10.2.5　临界距离分析法——雷电反击危害的鉴定方法

通过对雷电反击危害电子设备几个主要因素进行调查分析,当调查结果符合下面条件时,可确定该次事故为雷电反击危害所致:

①金属构件受损时间与雷电的闪击时间相吻合;

②受损电子设备无供电系统的操作过电压,同时连接受损电子设备的主电源线路、主信号线路无雷电过电压;

③雷电闪击点与受损设备的连接导线异体并且有一定的间距。

④雷电泄流通道的电流足够大,并且在反击点(O 点)处产生较强的电势,该电势在 OC 间产生较强的场强,并产生闪击;

⑤产生反击的间隙小于其电压反击的临界距离。

当调查结果符合上述条件时,可断定该受损电子设备为雷电反击危害所致,并对雷电闪络的临界距离与临界电压综合分析,从而确定了雷电反击危害的鉴定方法,这一方法称之为临界距离分析法。

第11章　雷电冲击波危害特点与鉴定

　　根据热力学可知,雷电闪击放电的瞬间,其泄流通道的温度可高达几千度至几万度,泄流通道附近的空气受热剧烈膨胀,并以超声速度向四周扩散,其外围附近的冷空气被强烈压缩形成激波,被压缩的外围冷空气称为激波波前。激波波前到达的地方空气的温度、压力、密度都会发生剧烈变化。

　　本章主要介绍雷电冲击波危害土木工程、金属构件的调查鉴定方法。

11.1　雷电冲击波的危害特点

　　雷电在泄流过程中造成周边空气的温度剧变,形成周边空气气压升高,产生剧烈冲击波。根据热力学可知,产生较强冲击波的雷电泄流通道(金属导体)应具有较强大的雷电流。

11.1.1　雷电冲击波与温度的关系特点

　　雷电流在泄流过程中,瞬间将产生较大热量,使其泄流通道急剧升温,从而造成泄流通道附近空气温度的升高与气体膨胀。假定雷电通道周边的容积不变,当泄流通道温度升高且其温升造成周边空气同等温升时,其周边空气压力变化见式(11.1)。

$$P_T = P_0[1 + \beta(T_1 - T_0)] \qquad (11.1)$$

式中：P_T 为温度为 T_1 时气压(Pa)；

　　　P_0 为温度为 T_0 时的气压(Pa)；

　　　β 为容积不变时,温度压力系数,取值 $1/273$；

　　　T_1、T_0 为气体的温度(℃)。

　　由式 11.1 可以看出,温差越大,气压变化就会愈剧烈。而一次纳秒级雷电泄放过程可以使雷电通道的温度升高上万度,因此在雷电泄流通道附近气温的变化也会随之升高,由式(11.1)可知,空气温升的聚变将会导致气压的剧变,形成急剧的冲击波。

11.1.2　雷电冲击波与传输距离的关系特点

　　雷电冲击波在传播过程中,其波前激波受到空气阻力及三维扩散的作用,其传播速度逐渐减小,能量不断减弱,直至消失。雷电冲击波超压变化情况如图 11.1 所示。

　　图 11.1 中,P_0 为落雷前雷电泄流通道周围环境压力,在泄流时间 T_A 时刻,泄流通道周边空气压力升至 ΔP^+,经过时间 T^+ 衰减到 P_0,然后达到负压峰值 ΔP^-。超过周围空气压力的瞬间压力为超压,这是最重要的空气冲击波效应之一。

11.1.3　爆炸冲击波参数计算方法

　　根据 Черный 的方法,求取距离 r_0^* 处的气压增量 Δp 为(周南等,1995)：

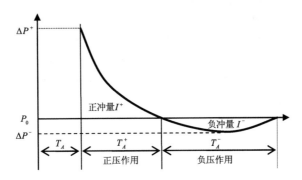

图 11.1　雷电冲击波超压随时间变化示意图

$$\Delta p = \frac{2\rho_0}{K+1}\left[(\frac{\mathrm{d}r_0^*}{\mathrm{d}t})^2 - \alpha_0^2\right] \tag{11.2}$$

激波自发生处至 r_0^* 处所用时间见下式：

$$t^* = \frac{1}{2\alpha_0^2}\left[\sqrt{A^2 + 4\alpha_0^2(r_0^*)^2} - A - A \cdot \ln\frac{A + \sqrt{A^2 + 4\alpha_0^2(r_0^*)^2}}{2A}\right] \tag{11.3}$$

$$A = \frac{K+1}{2}\sqrt{\frac{E_{00}\nu}{\xi_0\rho_0\omega}} \tag{11.4}$$

式中：Δp 为气压增量(hPa)；

　　　K 为气体绝热指数，空气绝热指数取 $K=1.4$；

　　　ξ_0 为中值调整系数，$\xi_0=1.7689$；

　　　ν 为空间指数，雷电闪击通道为柱形对称，取 $\nu=2$；

　　　ω 为取 2π；

　　　ρ_0 为激波前气体密度(kg/m³)；

　　　E_{00} 为爆炸能量(MJ)；

　　　α_0 为激波气体声速(m/s)，空气中声速为 345 m/s；

　　　一次闪电的 TNT 爆炸能量 W_{TNT} 根据下式计算求得：

$$W_{TNT} = \frac{\alpha W_f Q_f}{Q_{TNT}} \approx \frac{Q_{LD}}{Q_{TNT}} \tag{11.5}$$

式中：W_{TNT} 为蒸气云的 TNT 当量(kg)；

　　　W_f 为蒸气云中燃料的总质量(kg)；

　　　α 为蒸气云爆炸的效率因子，表明参入爆炸的可燃气体的分数，一般取 3% 或 4%；

　　　Q_f 为蒸气云的燃烧热(MJ/kg)；

　　　Q_{TNT} 为 TNT 爆炸热，一般取 4.52 MJ/kg；

　　　Q_{LD} 为雷电闪击金属构件产生的热量(MJ)。

11.2　雷电冲击波危害的调查鉴定方法

发生雷电冲击波的前提是雷电通道上具有较大的温差变化，而瞬时高温的产生必须有较强的雷电流通过。

鉴定雷电冲击波危害，必须确定以下几个方面的因子：

①确定金属构件的受损时间、地点、受损程度；

②确定并排除爆炸冲击波及外力撞击的危害因子；

③确定雷电通道的泄流强度及受损金属构件与雷电泄流通道的间距；

④确定设备受损时段内云地闪电的闪击时间、地点、雷电流强度；

⑤确定受损处雷电冲击波的参数情况；

⑥确定受损金属构件的耐冲击气压情况。

11.2.1　金属构件的受损情况调查

物体遭受冲击波危害的受灾时间、地点的调查方法，前面章节已经介绍，现就冲击波危害的调查方法介绍如下。

检测受损金属构件的冲击深度、面积，检查受损金属体的材质、厚度。当金属体内存物体时，应确定物体的成分，计算受损处的压力。

11.2.2　调查爆炸冲击与外力撞击的基本情况

通常情况下，造成金属罐体、砖墙等出现明显破损、凹陷等损坏的外部原因，主要有炸药爆炸、雷电闪击等形成的冲击波危害，另外就是机械性撞击危害。

（1）炸药爆炸冲击波痕迹的调查方法

炸药爆炸造成的危害，其危害现场应存有残留物、气味等痕迹。炸药爆炸为化学爆炸，爆炸时爆炸现场有黑色熔融颗粒状物（或者白色），冲击波的发源地有明显的异常气味。炸药爆炸时具有下列异常气味：

①臭鸡蛋气味（H_2S 气味）；

②并伴有鞭炮爆炸后的火药味；

③有油味，炸点处更浓，吸入体内有特别不舒服的感觉；

④有很刺激性苦味，炸点周围更为明显。

当爆炸点具有上述特点时，可确定金属构件受损为炸药爆炸所为。否则，排除炸药爆炸冲击波造成的损坏。

（2）外力撞击痕迹的调查方法

金属物体撞击后会遗留凹陷与线形痕迹，根据这一特点确定造痕体。当硬度较强的金属造痕体以一定的动力速度撞击金属体时，受撞击的金属体将遗留造痕体的轮廓线性痕迹与一定深度的凹陷痕迹，根据这个痕迹可以判定造痕体的形状、大小、撞击力度等因素。当受损金属构件存在凹陷与线形痕迹时，可确定为金属构件为外力撞击所造成，否则，排除金属体外力撞击所为。

通过上述方法调查，排除炸药爆炸冲击波与机械力作用的危害。

11.2.3　雷击点及泄流通道的调查

当将雷电定为危害主体时，应自受损点附近进行泄流通道的调查，主要调查独立的金属构件、分流较少的建筑物金属构件。

（1）泄流通道的调查方法

利用剩磁量检测仪测量受损物体附近金属构件的剩磁量情况，并对同一水平面的剩磁量绘制同心图,该同心图的中心为雷电泄流通道,附近金属构件剩磁量随距离增大逐渐减小。

（2）闪击点的调查方法

泄流通道确定后,沿该通道进行立体剩磁量检测,同时对该金属构件所在建筑物的柱筋情况进行建筑结构图纸查询,分析其柱筋结构,确定其分流情况,同时查询该结构在 LPZ0 区的金属构件设置情况,然后对该 LPZ0 区金属构件进行金相异常情况的调查,当金属构件无破损时,雷电闪击点的表象为灰白色烧痕;当金属构件出现破损时,其破损面为圆形凹坑、表面光滑呈瓦蓝色,但是金属的金相组织气孔明显,无尖状或其他形状残留物;当金属构件出现熔珠时,该熔珠表现为二次短路熔珠特点。具体鉴定方法见附录 6。

（3）泄流通道分流情况的调查方法

根据雷击点所处位置情况与建筑物的柱筋结构情况,结合附录 1 确定分流,当分流通道复杂时,应结合剩磁量确定。测量与受损物体受损处同高度泄流通道处的剩磁量,然后测量雷击点下部未分支处金属构件的剩磁量,比较二者的倍数关系,用其倍数进行分流。

11.2.4　危害雷电流的调查方法

根据 11.2.3 小节确定的雷电闪击点,利用附录 8 确定雷击点,并根据已定的雷击点查询雷电闪击的雷电流强度,然后根据第三款的分流情况,确定产生冲击波的雷电流。

11.2.5　雷电流冲击波的调查方法

雷电冲击波的产生,是雷电在金属通道上产生的热量与温升造成的。雷电闪击并分流,产生冲击波的雷电流 $i(t)$ 为：

$$i(t) = k_c \cdot i \tag{11.6}$$

式中：k_c 为分流系数,见附录 1;

i 为雷电流,可取该次闪击的峰值电流。根据闪电定位仪资料查询求得。

该雷电流在金属构件上产生的热量 W 为：

$$W = R \int_0^t i(t)^2 \mathrm{d}t \tag{11.7}$$

式中：W 为雷电流在导体上产生的热量(J);

R 为雷电流通过导体的电阻(Ω);

t 为雷电流持续的时间,可取波头时间(μs);

i 为雷电通道的雷电流(kA)。

因为雷电流的作用时间很短,散热影响可忽略不计,雷电流在金属通道上引起的温升 ΔT 为：

$$\Delta T = \frac{W}{mc} \tag{11.8}$$

式中：ΔT 为温升(K);

m 为通过雷电流物体的质量(kg);

c 为通过雷电流物体的比热容(J·kg^{-1}·K^{-1});

W 为雷电流产生的热量(J)。

在计算雷电冲击波时,可将雷电在金属导体上产生的热量全部转变为其周边空气温升的

能量,忽略其热量的转化与流失。冲击波压力 P_T 为:

$$P_T = P_0[1 + \beta(T_1 - T_0)] \tag{11.9}$$

式中:P_T 为温度为 T_1 时气压(P_a);

　　　P_0 为温度为 T_0 时的气压(P_a);

　　　β 为容积不变时温度压力系数,取值 $1/273$;

　　　T_1、T_0 为气体的温度(℃),T_0 为雷电闪击时金属构件的温度,T_1 为雷电闪击后金属构件的温度,$T_1 - T_0 = \Delta T$。

11.2.6　物体受损处雷电冲击波(超压)的调查方法

　　雷电冲击波在传播中造成周边物体或者生物体的损伤,计算此处的冲击波气压,首先调查受损物体与雷电冲击波产生处的间距,然后在计算冲击波的运行时间,根据这两个因子计算受损点的冲击波气压(周南等,1995):

　　①测量雷电泄流通道至受损点的实际距离 r_0^*。可视距离时,可采用距离测量仪器。

　　②激波自雷电泄流通道至受损点的时间 t^* 为:

$$t^* = \frac{1}{2\alpha_0^2}\Big[\sqrt{A^2 + 4\alpha_0^2(r_0^*)^2} - A - A \cdot \ln\frac{A + \sqrt{A^2 + 4\alpha_0^2(r_0^*)^2}}{2A}\Big] \tag{11.10}$$

$$A = \frac{K+1}{2}\sqrt{\frac{E_{00}\nu}{\xi_0\rho_0\omega}}$$

式中:K 为气体绝热指数,空气绝热指数取 $K=1.4$;

　　　ξ_0 为中值调整系数,$\xi_0 = 1.7689$;

　　　ν 为空间指数,雷电闪击通道为柱形对称,取 $\nu=2$;

　　　ω 为取 2π;

　　　ρ_0 为激波前气体密度(kg/m^3);

　　　E_{00} 为爆炸能量(MJ);

　　　α_0 为激波气体声速(m/s),空气中声速为 $345\ m/s$;

　　　一次闪电的 TNT 爆炸能量 W_{TNT}($W_{TNT} = E_{00}$)为:

$$W_{TNT} \approx \frac{Q_{LD}}{Q_{TNT}} \tag{11.11}$$

式中:W_{TNT} 为蒸气云的 TNT 当量(kg);

　　　Q_{TNT} 为 TNT 爆炸热,一般取 $4.52\ MJ/kg$;

　　　Q_{LD} 为雷电闪击金属构件产生的热量,MJ。

　　③激波在受损点处的冲击波气压 Δp 为:

$$\Delta p = \frac{2\rho_0}{K+1}\Big[(\frac{dr_0^*}{dt})^2 - \alpha_0^2\Big] \tag{11.12}$$

　　由此公式计算求得受损物体处的冲击波气压。

11.2.7　受损物体耐冲击气压能力的调查方法

　　物体抗击冲击波的能力是由物体自身特点决定的,不同的设备抗击冲击气压的能力不同。经大量试验测得,表 11.1 给出了常见建筑物在遭受不同强度冲击波后表现出的损坏情况,建筑物受冲击波危害的程度实际就是该建筑物承受冲击波的能力,即耐冲击超压能力,当建筑物所承受的冲击超压小于该超压时,建筑物是安全的,大于该超压时建筑物就会出现伤害。

表 11.1　不同超压冲击波对建筑物的损坏程度

破坏等级	建筑物破坏程度	超压 $\Delta P_k/10^5\,Pa$
1	砖木结构完全破坏	>2.0
2	砖墙部分倒塌或缺裂,土房倒塌	1.0～2.0
3	木结构梁柱倾倒,部分折断,砖结构房顶掀掉,墙部分移动或裂缝,土墙开裂或部分倒塌	0.5～1.0
4	木板隔墙破坏,木屋架折断,顶棚部分破坏	0.3～0.5
5	门窗破坏,屋面瓦大部分掀掉,顶棚部分破坏	0.15～0.3
6	门窗部分破坏,玻璃破碎,屋面瓦部分掀掉,顶棚抹灰脱落	0.07～0.15
7	砖墙部分破坏,屋面瓦部分翻动,顶棚抹灰部分脱落	0.02～0.07
8	房屋玻璃完全无损	0.001～0.05

当物体的耐冲击能力小于冲击波气压时,物体则受冲击损坏。

11.2.8　雷电冲击波鉴定方法

经对雷电流冲击波危害金属构件的主要因子进行调查分析,当调查结果符合下面几个条件时,可确定该次事故为雷电冲击波危害所致:

①雷电的闪击时间与金属构件的受危害时间吻合;

②在金属构件受损时间,雷电的闪击点位于受损物体附近;

③雷电泄流通道产生较高的热量并且该热量产生了较强的冲击波;

④在金属构件受损时,其受损方向无炸药爆炸,且无金属体外力撞击;

⑤受损金属体的耐冲击气压能力小于雷电冲击波的气压。

当调查结果符合上述条件时,可断定该危害事故为雷电冲击波危害所致,并且将该鉴定方法称之为冲击波分析法。

第12章　雷电危害人体的特点与鉴定方法

雷电流通过人体或者其他生命体时会产生热效应、化学效应、电磁效应等破坏作用，并造成这些生命体内脏器官、骨骼的伤害。雷电流在放电过程中也会以冲击波形式，通过超压造成生命体的耳膜、肺部等器官的伤害。

雷电流虽然强度大，但由于其作用时间短(微秒数量级)，再加上它的高次谐波丰富，因此雷电闪击人体时，电流多流经皮肤，甚至在皮外闪络短路，所以遭受雷击后，通过人体的电量和接受的能量未必很大，即使当时心脏已经停止跳动，呼吸也已经停止，也往往只是假死，如果及时、正确地抢救，雷击死亡率将大大降低。经大量雷击事故调查发现真正造成生命体死亡的雷击事故只占30%左右。

事件一：2007年5月23日下午4时左右，重庆开县一小学遭遇雷击事故，导致该校学生七人死亡、三十九人受伤，其中十九人为重伤。

事件二：据英国《每日邮报》2009年6月19日报道。6月15日晚间，14岁的苏菲－福斯特和同学在伦敦东部埃塞克斯的一个公园树下躲避雷雨时。一闪电击中福斯特并使其昏倒。闪电的电流通过其MP4耳机电线传导到地面，从而保护了她的关键器官不受伤害，但是造成福斯特的耳朵鼓膜穿孔、眼睛受轻伤、胸前和腿部等部位还被烧伤(如图12.1)。

事件三：2009年8月29日17时许，安徽省太湖某乡村欧某等村民在稻田里喷洒农药，天气骤变，暴风骤雨，并伴有雷电不断。欧阳永林等7名村民到田间的一个小木屋内就近躲雨，但该木屋被强雷电击中，导致7人中有6人死亡、1人受伤。

图12.1　英国苏菲雷击痕迹与衣物照片

事件四：2011年5月19日19时15分左右，四川省西昌市某乡村发生雷击，雷电流沿小水电输电线进入屋内，造成五台山村民3人死亡、3人受伤。

12.1　雷电危害人体的特点

雷电危害人体时，雷电流通过热效应造成人体皮肤烧伤、内脏损坏，也会造成肌肉收缩而使人跌倒并造成骨折损伤，雷电流通过人体血管时会使血液中的血红蛋白分解成有毒的物质造成细胞缺氧，最严重的是雷电流造成人体心室纤维颤动和呼吸中枢神经损坏，导致生命体死亡。

12.1.1　人体遭受雷电危害的表现特点

（1）雷电流造成人体心室纤维性颤动

首次雷击危害人体或其他生命体时，雷电流通过心脏使心肌纤维间协调性遭受干扰，它们变成单独地以各自速率收缩，而不再同步，这样心室里就不能产生压力，血液循环停止，约 4 s 内可能导致死亡，实验中观察发现，每当心室纤维性颤动时，各部门肌肉单独收缩，致使整个心室不能规则地收缩，而显示出软弱地、不规则地抽动，这就是所谓纤维性颤动。当冲击电流较大时，心脏就会停止跳动（苏邦礼等，1996）。

（2）雷电流造成人体呼吸停止

当雷电流流经大脑下部的呼吸中枢时，会使呼吸停止，并且不能自己恢复（如图 12.2）。如果电流只流经人体的其他部位而未经呼吸中枢，也会使胸部肌肉收缩造成呼吸障碍，当电流停止后，呼吸是可能自然恢复的。故人体雷击后的急救措施主要针对前一种情况。

（3）雷电流造成内脏器官破裂

强大的雷电流在泄流过程中，由于自身温度的升高，造成周边空气的瞬时超压，形成冲击波，该冲击波极易造成人体及其他生命体的损伤。而球状闪电在运动过程中遇到物体时会产生爆炸，其爆炸冲击波对附近物体产生冲击力作用。当爆炸能量较强时，将造成其附近生命体内脏破裂、死亡。

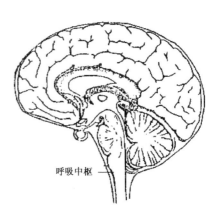

图 12.2　呼吸中枢在脑部的位置

（4）雷电流造成人体的皮肤烧伤

雷电流具有较强的集肤效应，后续雷击闪击人体时，大部分雷电流流经皮肤，对内脏损坏减少，极易造成皮肤大面积烧伤（如图 12.3（a））。而球闪虽然其结构无法定论，但是其特点基本上已被人类了解，球闪有时具有高温特点，有时"较冷"，而其热量高达可以融化银器、钢刀，当经过人体附近时造成皮肤烧伤。电流会使血液中的血红蛋白分解成有毒的物质使细胞缺氧，而短时骤升的高温宜将皮肤表层血管内血液凝固炭化，皮肤表层呈现血管炭化后的枝装图案。如图 12.3（b）中所示人体胸部皮肤表层毛细血管炭化图案。

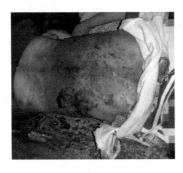

图 12.3(a)　雷电闪击人体的皮肤伤痕

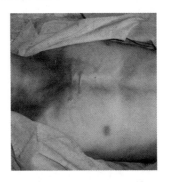

图 12.3(b)　人体遭受雷击时的皮色变化情况

12.1.2 雷电流及 50 Hz 工频电流危害人体死亡的临界电流

据电力安全统计资料分析,通过人体电流超过 10 mA·s 时,肌肉就会收缩,并有明显麻痹感觉,当 50 Hz 的工频电流超过 100 mA·s 时,则会造成人的死亡,该电流时间值为人体死亡临界值。但是电流流经人体不同部位,其后果有明显差别,电流流经心脏、大脑时后果最为严重(苏邦礼等,1996)。

忽略雷电流频率对危害效果的降低影响,按照工频电流造成人体的死亡临界值推算,雷电流作用人体的时间估算为 350 μs(取首次正极性雷击的雷电流参数的半值时间,即 350 μs),由此推算,当雷电流大于 280 A 时,就会造成人的死亡,我们将雷电流危害人体的这一临界值称为雷电流危害人体临界值。

12.1.3 雷电危害人体的方式与特点

常见雷电危害人体的基本方式有:直接雷击、接触雷击、旁侧闪击、跨步电压、冲击波。

(1)直接雷击的危害特点

直接雷击多发生在 LPZ0$_A$ 区,此区域中,人体遭受闪击的雷电流没有任何衰减。当人体处于建筑物的较高且突起的位置、空旷的田野、水边、山体的向阳坡等位置时,人体充当了接闪器,雷电直接闪击人体并泄流,并造成人体的伤害。

直接闪击人体的雷电多为首次雷击,因此极易造成人体大脑的呼吸中枢损伤与心脏纤维性颤动。

(2)接触雷击的危害特点

接触雷击一般发生在 LPZ0$_B$ 区,但也可能发生在 LPZ1 区,此危害方式多发生在雷电泄流通道处。雷电闪击大树、铁塔,或与 LPZ1 区金属构件相连接的防雷装置时,人体恰好接触这些物体,充当了泄流通道,部分雷电流流经人体并泄流,从而造成对人体的伤害。

通过接触雷击的方式危害人体时,其雷电流可能出现分流现象,人体所承受的雷电流只是其中的一部分,其危害较直接雷击轻微。

(3)旁侧闪击的危害特点

旁侧闪击一般发生在 LPZ0 区,极少发生在 LPZ1 区,此危害多发生在雷电泄流通道附近区域。雷电闪击大树、铁塔或者防雷装置时,人体处于这些物体较近的距离,当泄流通道某高度处与人体间的距离小于该介质下的临界距离时,该处高电压将反击人体,并造成伤害。

当建筑物的防雷设施不健全时,即使人体处于形式的 LPZ1 区中,照样会遭受雷击。如人体处于无引下线与接地装置的金属屋面的低矮房间,金属屋面或附近发生雷电闪击时,由于直接雷击或静电感应,金属屋面出现对地闪击现象,此时,人体易充当静电感应接闪器(如图 12.4)。

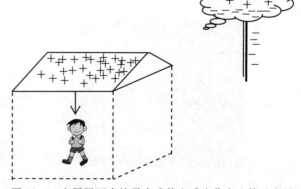

图 12.4 金属屋面直接雷击或静电感应伤害人体示意图

（4）跨步电压的危害特点

跨步电压的危害一般出现在 LPZ0 区，多发生在引下线、铁塔、大树等高大建（构）筑物附近。

雷电闪击接闪器、铁塔、大树等高大建（构）筑物、大树时，人体或者其他生命体恰好行走其附近区域，由于雷电流在泄放过程中，将在其周围土壤中不同位置形成不同的电势，如图 12.5 所示，周边不同位置间产生电势差，当人体两脚接触不同位置 A、B 时，则在人体上产生电势差 U_{AB}。

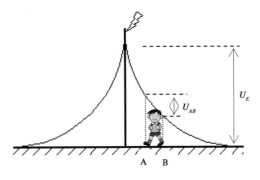

图 12.5　跨步电压示意图

（5）雷电冲击波对人体的危害特点

雷电冲击波的危害一般出现在 LPZ0 区，多发生在雷电闪击点或强雷电的泄流通道附近。雷电闪击时，泄流通道将产生较强的热量，造成泄流通道的瞬时温升，该温升产生较强的激波，当人体处于其附近区域时，将会受到其冲击波的危害。

人体的耳膜、肺、喉等器官最易受到冲击波的危害，其中肺部损伤是造成人体死亡的重要原因。

12.2　工频电压与雷电危害的异同点

在进行雷击事故鉴定时，应首先了解雷电与电网工频电压危害的特点及表现异同点，以便区别工频电压与雷电高电压的危害。

雷电流与工频电流对人体的危害，其相同点是皆以电流（电压）形式侵害人体。

其不同点表现如下：

①电流通过人体的持续时间不同，危害结果也不同。电击时间越长，电流对人体引起的热伤害、化学伤害及生理伤害就愈严重。特别是电流持续时间的长短和心室颤动有密切的关系。从现有的数据分析，最短的电击时间是 8.3 ms，超过 5 s 的很少。从 5 s 到 30 s，引起心室颤动的极限电流基本保持稳定，并略有下降。更长的电击时间对引起心室颤动的影响不明显，而对窒息的危险性有较大的影响，从而使致命电流下降。另外，电击时间长，人体电阻因出汗等原因而降低，导致电击电流进一步增加，这也将使电击的危险性随之增加。

②电流频率的不同，造成的危害结果也不同。电流的频率除了会影响人体电阻外，还会对电击的伤害程度产生直接的影响。25～300 Hz 的交流电对人体的伤害远大于直流电。同时对交流电来说，当低于或高于以上频率范围时，它的伤害程度就会显著减轻。

③不同的电流会引起人体不同的反应。安全管理中，常规定男子的允许摆脱阈值电流为 9 mA，女子为 6 mA。当电击时间大于 5 s，电击电流大于 30 mA 时，就会发生心室纤颤的危险，其临界电流时间为 100 mA·s。雷电流的一次放电时间为几至几百微安，假如不考虑频率的影响，其临界雷电流为 280 A。

④人体不同电阻的影响，危害结果不同。在一定的电流作用下，流经人体的电流大小和人体电阻成反比，因此人体电阻的大小对电击后果产生一定的影响。人体电阻有表面电阻和体

积电阻之分。对电击者来说,体积电阻的影响最为显著,但表面电阻有时却能对电击后果产生一定的抑制作用,使其转化为电伤。这是由于人体皮肤潮湿,表面电阻较小,使电流大部分从皮肤表面通过。皮肤电阻随条件不同,使得人体电阻的变化幅度也很大。当人体皮肤处于干燥、洁净和无损伤的状态时,人体电阻可高达 $40\sim100$ kΩ;而当皮肤处于潮湿状态,如湿手、出汗,人体电阻会降到 1000 Ω 左右;如皮肤完全遭到破坏,人体电阻将下降到 $600\sim800$ Ω 左右。

雷电流通过人体表面时,首先表现的是血管炭化纹路,弱小的雷电流不会造成皮肤的明显变化,较大的雷电流会造成皮肤的破损。日用电造成人体死亡时,由于其作用时间长,不但会造成血管的炭化还会造成皮肤的焦化。

⑤传输途径的不同,危害也不同。闪电是雷云对大地的闪击,其介质为大气及一切充当导体的物体,在大气传导中表现为无源,而日用电的传输必须借助导体。因此有源导体也是区别雷电与日用电危害一个必要条件。

12.3　雷电危害人体的调查与鉴定方法

鉴定雷电危害人体时,应鉴定危害人体的因素、雷电流危害人体的方式及危害人体的雷电流,因此,在调查鉴定雷电危害人体时,应确定以下几个方面的因子:

①确定人体的受害时间、地点、灾情;

②确定雷电的闪击时间、地点、雷电流强度;

③确定受害人体处的供电线路设置情况及人体受害时的供电运行情况;

④确定闪击点、雷电流通道;

⑤确定人体与泄流通道的关系;

⑥确定人体受危害方式与危害过电压(过电流及冲击波)。

12.3.1　人体受害情况调查

①人体的受害时间可根据目击证人提供资料查询;

②受害地点可采用经纬仪进行实地测量,测量精度应与闪电定位仪精度保持一致;

③人体受害部位与程度可自法医鉴定报告查询,闪击点表现为肢体破损或击穿,人体受害时的卧地形态可自受害现场勘查,勘查时应绘制人体受害卧地形态图,标明受害点。

人体灾情的表现分为外部灾情、内脏器官灾情及骨骼灾情的表现,而外表与骨骼灾情的形成原因又包括直接灾情与二次灾情,其直接灾情可由危害主体直接造成,而二次灾情的形成是在直接灾情发生时人体(或其他生命体)跌倒而造成的,因此,在进行事故调查时应全面检查,不能放过一丝伤痕。

受灾人体的外部伤痕可由法医协助调查,详细检查伤痕的位置(大小)、伤痕的程度、伤痕的后果。可使用相机拍照记录,并标定人体伤痕位置示意图。

内脏器官伤情可由法医鉴定结果,鉴定记录包括鉴定时间、地点、鉴定单位、鉴定医师、鉴定结果,并对造成人体死亡的器官变化情况做出明确的鉴定结果。

雷电闪击人体造成死亡的几个重点伤痕器官:

①大脑呼吸中枢神经受损造成人体死亡;

②心脏纤维性颤动造成人体死亡;

③重要内脏器官破裂造成人体死亡。

12.3.2　受灾人体附近载流导体的分布情况

通常人体受到电的危害主要有 50 Hz 电网电压的危害,大气过电压的危害。

(1)人体周边导体的载流调查方法

检查人体受害现场的所有金属构件,对以受害人体的站立时脚印为中心以人体身高 1.5 倍的空间内的金属构件进行载流调查。当其附近出现载流导体时,应测量人体站立时脚部距离载流导体的间距。

(2)人体附近非载流导体的调查方法

当附近未发现载流导体时,调查其前端是否存在载流导体掉线乱搭现象,当有此种现象存在时,应查明载流导体搭接的金属构件与人体附近金属构件的关系,采用电阻测量仪检测两者的电阻,当为无穷大时,表明二者无相连关系,否则为短路,此时测量该导体与受害人体的间距。

(3)人体距离载流导体间距的调查方法

当人体距离载流体的距离小于人体高度的 1.5 倍时,人体具备了接触载流体的距离条件。否则,排除工频电流的危害。

(4)人体附近电气开关工作情况的调查方法

人体遭受电力伤害时,其前端漏电开关运行情况调查。一般室内漏电开关的运行电流为 30 mA,当人体接触电路时,有部分电流经人体泄放入地,造成电网回路中漏掉该电流,漏电开关感应到该掉电流后,为保护人体安全而断开线路停止供电。因此在调查电力危害时,应检查该线路中漏电开关的运行情况。

12.3.3　雷电危害人体时泄流通道及雷击点的调查

(1)雷电泄流通道的调查方法

检测受害人体周边金属构件、高大建筑物金属体的剩磁量,检测方法见附录 5,当检测的结果具有同心特点时,该同心处即是雷电泄流通道。

(2)雷击点的调查方法

在确定实际雷击点时,应对剩磁量与金相情况综合调查分析,并根据附录 8 确定监测系统中该点的闪击雷电流强度。

12.3.4　雷电危害方式的调查方法

(1)雷电直接雷击人体的调查方法

①雷电易闪击人体的地理地质状况

当人体处于空旷地带、水陆交界处、向阳坡、建筑物的最高处,并且周边无高层建(构)筑物、构筑物或者高大树木时,应重点调查人体的受害点与雷电闪击点的吻合情况。

②直接雷击人体时,易伤害人体的器官

当人体的闪击点处于人体的头部、手等人体的上部,且雷电闪击点与人体的受害点相吻合,而危害人体的电流大于人体的死亡临界电流值,同时人体死亡的原因是大脑呼吸中枢受损或者是心脏纤维性颤动所造成。

当受害人体具备上述各因素时,可确定人体为直接雷击。

③闪击人体的雷电流

雷电直接闪击人体时,其危害人体的雷电流,即监测系统的闪击雷电流。

④直击雷间接闪击人体

闪击金属屋面(金属屋面无引下线与接地装置),并造成该建筑物内的人体伤害时(如图12.6所示),其调查方法如下:

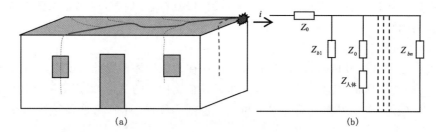

图 12.6　雷电闪击金属屋面内人体说明图

当雷电闪击金属屋面的瞬间电压 U_g 的调查。该闪击过电压 U_g 为:

$$U_g = \frac{Q}{C}, \text{而} Q = \int i \, dt;$$

空气中金属屋面的电容为 $C = \varepsilon_r \cdot \varepsilon_0 \cdot \frac{S}{d}$,因此 $U_g = \frac{Q}{C} = \frac{\int i dt}{\varepsilon_r \cdot \varepsilon_0 \frac{S}{d}}$ 　　　(12.1)

式中:U_g 为雷电闪击金属屋面的瞬间过电压(V);

Q 为电荷量(C);

C 为电容(F);

i 为闪击雷电流(A);

t 为电击时间(s),长时间雷击取 0.5 s,首次正极性雷电闪击取 10×10^{-6} s、首次负极性雷电闪击取 1×10^{-6} s;

S 为闪击金属平面的面积(m^2);

ε_r 为相对介电常数,空气相对介电常数为 1.006;

ε_0 为真空介电常数,取值 8.86×10^{-12} F/m;

d 为金属物面相对地面的高度(m)。

处于该建筑物内的人体通过的雷电流 i_g 为:

$$i_{人体} = \frac{U_g}{R_{人体} + Z_0}$$ 　　　(12.2)

式中:$i_{人体}$ 为流经人体的雷电流(A);

U_g 为金属屋面的雷电过电压(V);

$R_{人体}$ 为人体的电阻,约取 2 kΩ;

Z_0 为空气阻抗(平房下距人体上部的空气阻抗)(Ω)。

⑤静电感应间接危害人体的调查

当受害人体处于无引下线的金属屋面的建筑物内时,应调查雷电闪击点与受害人体所处建筑物的间距、人体所处建筑物金属屋面的雷电感应电压、人体最高处距金属屋面的垂直间距。

　　静电感应造成人体的伤害时,距离闪击点愈远雷雨云对地产生的静电感应愈小,因此我们选择 2 km 作为静电感应对人体的危害距离。受害人所在建筑物与雷电闪击点的间距可采用长度测量工具进行测量,当无法测量时,可采用经纬度计算法计算求得。假定雷击点的经纬度为 X_1、Y_1,人体所在建筑物的经纬度为 X_2、Y_2,则其间距 d 为:

$$d = R \cdot \arccos[\cos(Y_1) \cdot \cos(Y_2) \cdot \cos(X_1 - X_2) + \sin(Y_1) \cdot \sin(Y_2)] \qquad (12.3)$$

式中:d 为闪电定位仪雷电闪击点距事发地的距离(m);

　　R 为地球半径,为 6371.0 km;

　　当距离较远时,可不考虑静电感应金属屋面对人体的影响,当距离小于 50 m 时,金属屋面感应过电压的最大值 U_g 为:

$$U_g = \alpha h \qquad (12.4)$$

式中:U_g 为感应过电压的最大值(kV);

　　α 为感应过电压系数(kV/m),取 $\alpha = 1/2.6$;

　　h 为架空线路的距地面垂直高度(m)。

　　(2)雷电旁侧闪击人体的调查

　　当人体处于高大建(构)筑物、铁塔、大树等高大物体附近,并且与其有一定距离 L 时,应重点调查受灾人体与泄流通道关系情况(如图 12.7)。

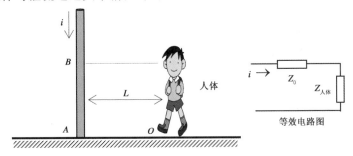

图 12.7　人体旁侧闪击示意图

　　调查受害前人体的站姿,当人的两腿并拢且与高大物体并列时,测量人体两脚(O 点)与雷电泄流通道(A 点)的间距 L。

　　测量受害人体的高度 B,计算雷电泄流通道上人体的头部高度处的电压 U_B 为:

$$U_B = i_{AB}R_g + hL_0 \frac{\mathrm{d}i}{\mathrm{d}t} \qquad (12.5)$$

　　空气中电阻压降的临界场强为 500 kV/m,电感压降的临界场强为:$E_L = 600(1 + \frac{1}{t_f})$,约取 660~3000 kV/m,式中 t_f 为波头时间,取 10 μs 或 0.25 μs。

　　人体与雷电泄流通道的临界距离 D_L 为:

$$D_L = \frac{i_{AB}R_g}{E_R} + hL_0 \frac{\mathrm{d}i/\mathrm{d}t}{E_L} \qquad (12.6)$$

　　人体距离闪击通道的垂直距离小于 D_L 时,雷电泄流通道的雷电流将闪击人体,其闪击雷电流 $i_{人体}$ 为:

$$i_{人体} = \frac{U_B}{R_{人体} + Z_0} \tag{12.7}$$

式中：$i_{人体}$ 为通过人体的雷电流（A）；

Z_0 为空气阻抗（Ω）。

人体与泄流通道间的距离应小于此时的人体死亡临界距离 D_L，雷电危害人体的电流大于人体的死亡临界电流值，人体死亡的原因是大脑呼吸中枢受损或者是心脏纤维性颤动所造成。

当满足上述条件时，可确定为雷电旁侧闪击危害造成人体死亡。

（3）跨步电压危害人体的调查

当人体处于高大建（构）筑物、铁塔、大树等高大物体附近，并且与其有一定距离 L 时，且人体处于行走状态时，应重点调查受灾人体与泄流通道关系。

调查人体行走的方向，当确定人体行走方向与高大物体处于同一直线方向时，应测量人体行走时跨步间距，当无法测量时可取值 0.8 m，测量人体受危害时两脚与雷电泄流通道的距离。

计算人体两脚处的电势及两脚间的电势差（如图 12.5）。人体行走时每只脚和土壤的接触电阻（如图 12.8）为：

$$R_J = \frac{\rho}{4r} - \frac{\rho}{2\pi T} = \frac{\rho}{4r}(1 - \frac{2r}{\pi T}) \tag{12.8}$$

式中：R_J 为人脚与土壤的接触电阻（Ω）；

ρ 为土壤电阻率（Ω·m）；

r 为人脚的半径（m），取 r=0.08 m；

T 为跨步距离（m），取 T=0.8 m。

人体距散流中心的距离远远大于人脚的半径，因此式（12.8）可近似为：

$$R_J \approx \frac{\rho}{4r} \approx 3\rho \tag{12.9}$$

雷电散流时，出现随距离递减的趋势，假定图 12.5 中 A、B 为人体的两只脚的位置，则其与泄流中心的电势为 U_A、U_B。

$$U_A = \frac{\rho I}{2\pi L_A}$$
$$U_B = \frac{\rho I}{2\pi L_B} \tag{12.10}$$

式中：ρ 为土壤电阻率（Ω·m）；

I 为雷电流（kA）；

L_A 为 A 点与散流中心的距离（m）；

L_B 为 B 点与散流中心的距离（m）；

则点 A、B 间的电压为：

$$U_{AB} = \frac{\rho I}{2\pi L_A} - \frac{\rho I}{2\pi L_B} = \frac{\rho I}{2\pi}(\frac{1}{L_A} - \frac{1}{L_B}) \tag{12.11}$$

人体在行走时，实际人体的电阻 R_{RT} 与人体两脚与大地的接触电阻 R_J 之间为串联，因此通过人体的跨步电压 U_K 为：

$$U_K = \frac{R_{RT}}{R_{RT} + 2R_J} U_{AB} \tag{12.12}$$

跨步电流 i_{RT} 为:

$$i_{RT} = \frac{U_K}{R_{RT}} \tag{12.13}$$

调查受灾人体的伤痕情况。调查灾害人体的外部伤痕与内脏器官的伤痕,体外伤痕可由鉴定医生协助调查确定,体内器官脏器的伤痕可由鉴定单位法医鉴定确定。

图 12.8　跨步电压危害人体电阻(等效电路)示意图

当人体正常行走在雷电泄流通道附近,并且两脚与泄流通道处于直线状态,雷电危害人体的电流大于人体的死亡临界电流值,人体死亡的主要原因是心脏纤维性颤动所造成。

当满足上述条件时,可确定为雷电跨步电压危害造成人体死亡。

(4)接触电压危害人体的调查

当人体处于高大建(构)筑物、铁塔、大树等高大物体附近,并且身体的一点与其接触时,应调查受灾人体与泄流通道关系情况。

调查人体遭受的伤痕,调查灾害人体的外部伤痕与内脏器官的伤痕,体外伤痕可由鉴定医生协助调查确定,重点检查闪击痕迹的位置,体内器官脏器的伤痕可由鉴定单位法医鉴定确定。

计算人体遭受闪击时,人体的接触电压。人体接触位置可实际测量,假如无法测量时可假设为 1.8 m,身体与雷电泄流通道的接触点处的电压即人体的接触电压 U_H 为:

$$U_H = i \cdot R_i + L_0 \cdot H \cdot \frac{\mathrm{d}i}{\mathrm{d}t}$$

式中:U_H 为人体接触点相对于零地面的电压(kV);

　　i 为通过引下线的雷电流(kA);

　　R_i 为接地装置的冲击电阻(Ω);

　　L_0 为通过雷电流引下线的单位长度电感(μH/m),铁约 1.55 μH/m;

　　H 为引下线 A 点到零地面的高度(m);

　　$\mathrm{d}i/\mathrm{d}t$ 为雷电流陡度(kA/μs);

根据该电压计算通过人体的雷电流 i_{RT}:

$$i_{RT} = \frac{U_H}{R_{RT}} \tag{12.14}$$

式中:R_{RT} 为人体的电阻(Ω),可取 1000Ω。

人体接触雷电泄流通道,雷电危害人体的电流大于人体的死亡临界电流值,人体死亡的原因是心脏纤维性颤动与大脑呼吸中枢受损所造成。满足上述条件时,人体死亡可确定为雷电接触电压危害造成。

(5)雷电冲击波危害人体的调查

由于不同的人其体质有所不同,因此不同的人抗击冲击气压的能力就有所不同,而冲击气压大小对人体造成的伤害也不同。经大量试验测得,表 12.1 给出了不同强度冲击波对人体的伤害程度。人体受冲击波危害的程度实际就是人体承受冲击波的能力,也是耐冲击超压能力,当人体所承受的冲击超压小于该超压时,人体是安全的,大于该超压时人体就会出现伤害。

表 12.1　冲击波对人体损伤程度

损伤等级	损伤程度	超压 $\Delta Pk/10^5 Pa$
无伤	无伤	<0.2
轻微	轻微挫伤	0.2~0.3
中等	听觉器官损伤,中等损伤骨折等	0.3~0.5
严重	内脏严重挫伤,可引起死亡	0.5~1.0
极严重	可大部分死亡	>1.0

大气中,雷电流产生的冲击波与距离的关系见式(11.2)~式(11.5)。当人体距雷电泄流通道的距离小于该临界距离时,人体将受到伤害,伤害程度见表 12.1。

12.3.5　雷电危害人体的鉴定方法

经对雷电危害人体的各项特征进行调查分析,当调查结果符合下面几个条件时,可确定该次事故为雷电危害所致:

①人体的受害时间、地点与雷电监测记录资料相吻合;

②人体处的供电线路供电正常;

③雷击点、雷电流通道明确;

④人体与泄流通道的关系符合雷电危害人体的方式;

⑤雷电产生造成危害的雷电流足以造成人体的伤害;

⑥确定人体受危害方式与危害过电压(过电流及冲击波)。

当调查结果符合上述条件时,可断定该危害事故为雷电流危害所致。

12.4　球闪危害人体的调查与鉴定

球状闪电是一种发光物质,区别于闪电,它多伴随雷电生成,但有时在晴朗天气也会出现,无论何时出现,都表现出了极强的危害,其危害特点多表现为高温与冲击波。本节主要介绍球闪冲击波对人体的危害调查与鉴定。

球闪冲击波危害的鉴定难度较大,由于其形成时间、能量强度、运行轨迹均无法测定,因此要判定球闪危害,就要充分了解球闪的危害特点。经大量观察研究,球闪具有较强的热量,当遇到物体时会发生爆炸,并产生强大冲击波。

球闪冲击波危害的调查,实际只是一个冲击波产生原因的确定,是对多种产生冲击波的因素,采用排除法筛选掉其他产生冲击波的因素,剩余因素则为球闪。事故调查时,首先排除金属体撞击因素,并确定受害人体的成灾原因为气体冲击波所为,受灾人体位于冲击波的源地附近。

鉴定球闪冲击波危害人体时,应确定以下几个方面的因子:

①确定人体的灾情;

②确定冲击波发源地;

③确定人体受害的确切原因。

12.4.1　人体受害情况的调查

(1)受害时间调查

人体受害的时间,可根据目击者提供,当无法确定具体时间时,可确定受灾时间段。

(2)受害地点的调查

可采用经纬度测量仪测量受害人的具体受害地点,灾情经纬度应与闪电测量仪的精度保持一致。

(3)灾情调查

受害者的灾情可调查法医鉴定结果,主要调查受害人体表皮受损情况、表层瘀血、骨骼损坏情况、内脏器官的损坏程度。

灾情确定时,应根据法医鉴定结果排除疾病、药物、外力等因素的危害。在确定人体的伤害时,应注意排除电力伤害造成的皮肤烧伤与血管炭化。

对于人体而言,冲击波超压为 0.5 大气压时,人的耳膜破裂,内脏受伤;超压为 1 大气压时,作用在人体整个躯干的力可达 4000～5000 kg,在这么大的冲击力挤压下,人体内脏器官严重损伤,尤其会造成肺、肝、脾破裂,导致人员死亡。

雷电冲击波造成的内伤,患者遭雷击后,表面表现若无其事,实际已经造成颅骨骨折和内脏损伤。

12.4.2　冲击波发生点的调查方法

检查受害人附近金属构件、建(构)筑物异常情况,并对异常情况进行综合因素调查,采用排除法确定球闪的危害。

(1)痕迹调查,排除炸药爆炸冲击波的危害

检查异常点的表面结构异常情况,当建筑物的墙面出现中心较深、四周较浅、形状不规整的爆炸痕迹,且痕迹表现为以一点为中心向四周扩散时,可确定为炸药或球闪冲击波所为。当炸药与球闪在墙面发生爆炸产生冲击波时,其爆炸产生的冲击波会沿水平方向 360°扩散。沿平面扩散的冲击波破坏墙面并被反射,墙面遗留破损痕迹。

检查异常点的残留物特点,并根据残留物特点判定危害因素。特斯拉认为球状闪电为电光火球,其实验证明该球闪为热核聚变所为,因此,可以将炸药爆炸定为化学爆炸,球闪爆炸看作为核爆炸(目前,未经有关部门确定,只能应用于学术范围)。当现场调查发现留有黑色熔融颗粒状物(或者白色)时,可确定为炸药爆炸产生的冲击波,当现场调查未发现任何残留物时,可确定为球闪产生冲击波。

气味调查。根据球闪、炸药爆炸产生冲击波的特点,对冲击波发源地的残留气味(也可使用气体分析仪对该处气体进行检测,分析气体成分,确定爆炸原因)进行辨析,以确定爆炸原

因。当爆炸现场的气味表现为：A. 臭鸡蛋气味（H_2S 气味）；B. 并伴有鞭炮爆炸后的火药味；C. 有油味，炸点处更浓，吸入体内有特别不舒服的感觉；D. 有很刺激性苦味，炸点周围更为明显，此气味表现可以确定为炸药产生的冲击波。

当爆炸现场的气味只表现为臭鸡蛋气味（或者没有）时，可以确定该冲击波为球闪所为。

根据调查，确定了球闪冲击波危害鉴定的三个因子，并通过对炸药、球闪、闪电产生冲击波的不同表现特点（如表 12.2 所示）进行综合分析，从而确定了球闪冲击波危害的鉴定方法，该方法称之为综合分析排除法。

表 12. 2　　冲击波产生源的基本特点比较表

项目	炸药	球闪	闪电
受害点电磁场	无	无	存在
受害点附近金属构件剩磁量	无	无	存在
受害点附近金属构件存在情况	无	无	有
冲击波产生点的残留物	黑色或白色熔融物	无	无
冲击波产生点的气味	H_2S 味、油味、刺激苦味	H_2S 味	无

（2）剩磁量调查，排除雷电流危害

利用剩磁量检测仪对冲击波发生点的所有金属构件进行剩磁检测与分析，具体检测方法见附录 5，当检测结果未发现有剩磁量或者剩磁小于 0.5 mT 时，可排除雷电泄流冲击波所为。

12.4.3　鉴定方法

经对球闪冲击波危害人体的各项特征进行调查分析，当调查结果符合下面几个条件时，可确定该次事故为球闪冲击波危害所致：

①人体伤害的法医鉴定应该排除外力伤害、药物伤害、病害及电力造成的烧伤；

②事发地现场的气味特征、残留物特征符合球闪所为；

③事发地现场痕迹符合球闪特征；

④事发地现场金属构件无剩磁量。

当调查结果符合上述条件时，可断定该危害事故为球闪冲击波危害所致，并且将该鉴定方法称之为排他分析法。

第 13 章　过电压产生的原因及其性质特点

电子电气设备在运行中形成的过电压,主要来自系统外部的大气过电压(雷电过电压)与来自系统内部由于参数发生变化时电磁能产生震荡、积累而引起的过电压(内过电压)。根据其产生的内在原因,可将过电压分类如下,分类情况见分解表 13.1。

表 13.1　过电压分类分解表

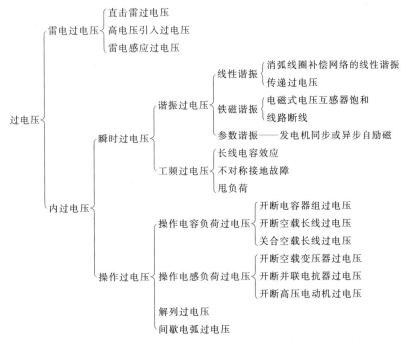

雷电过电压的产生与危害前面章节已经介绍。本章主要介绍系统内部产生的过电压。

13.1　瞬时过电压产生的原因及性质特点

瞬时过电压包括工频过电压与谐振过电压,工频过电压的频率为工频或接近工频,幅值不高,在中性点不接地时,约为工频电压的 $\sqrt{3}$ 倍,中性点接地时,一般不允许超过 1.5 倍。工频过电压对 220 kV 及以下电网的电气设备没有危害,只对 330 kV 及以上的超高压电网造成较大影响。因此在瞬时过电压中着重介绍谐振过电压。

在电网各系统设备中,存在大量的电感、电容组件,在供电状态下,受到操作或者故障的激发,使得某一自由振荡频率与外加强迫频率相等,形成周期性或准周期性的剧烈震荡,电压振幅急剧上升,从而形成严重的谐振过电压。

谐振过电压可以存在于各级电网,持续时间长,随存在条件消失而消失。谐振过电压可以危急绝缘,烧毁设备,破坏保护设备的保护性能。

13.1.1　线性谐振过电压特点与原因

(1)线性谐振过电压的性质特点

①参与谐振的各电参量均为线性;

②谐振过电压多发生在电网自振频率与电源频率相等或接近时。

(2)线性谐振过电压的产生原因

①电感组件不带铁芯或带有气隙的铁芯与电容组件组成串联回路;

②多为空载线路不对称接地故障谐振;

③消弧线圈补偿网络谐振;

④某些传递过电压的谐振。

13.1.2　铁磁谐振过电压特点与原因

(1)铁磁谐振过电压产生的特点

①谐振回路由带铁芯的电感组件和系统的电容组件组成,铁芯电感组件的饱和现象使回路的电感参数呈非线性。

②共振频率可以等于电源频率,也可以是其简单分数或简单倍数。

③在一定的情况下可自激产生,但大多数需要有外部激发条件。可突然产生或消失,回路中事先经历过足够强烈的过渡过程的冲击扰动。

④在一定的回路损耗电阻的情况下,其幅值主要受到非线性电感本身严重饱和的限制。

(2)铁磁谐振过电压产生的原因

电网因断电、断路器非全相动作、熔断器一相或两相熔断等造成非全相运行,产生基频、分频或高频谐振。它可使电网中性点位移、绝缘闪络、避雷器爆炸。

13.1.3　参数谐振过电压的特点与原因

①与电容组成谐振回路的电感参数作周期性变化,变化频率一般为电源频率的偶数倍。

②谐振所需能量由改变电感参数的原动机供给,它不仅可补偿回路中电阻的损耗,并且使回路的储能愈积愈多,保证了谐振的发展。

③该过电压一般不会超过 $1.5 \sim 2 U_{xg}$（U_{xg} 为电网最高相电压有效值(kV)）。

13.2　操作过电压产生的原因及性质特点

13.2.1　操作过电压的性质

(1)操作过电压产生的原因与性质

电网中,由于电容、电感等组件在发生故障或操作时将产生充电再充电或能量转换的过渡过程,电压的强制分量叠加以瞬时分量形成操作过电压。

(2)操作过电压的特点

①作用时间为几毫秒到数十毫秒;

②操作过电压一般不超过 $4U_{xg}$；

③操作过电压的幅值与波形与电网的运行方式、故障类型、操作对象有关；

④故障形态不同、操作对象不同,产生过电压的机理也不同。

(3)操作过电压的允许水平

根据有关规程规定,计算用操作过电压的允许水平见表 13.2。

表 13.2　相对地及相间操作过电压的允许水平

区域	电网电压	允许水平	备注
相对地	35~63 kV 及以下	内过电压 4.0U_{xg}	非直接接地
	110~154 kV	内过电压 3.5U_{xg}	非直接接地
	110~220 kV	内过电压 3.0U_{xg}	直接接地
	330 kV	内过电压 2.75U_{xg}	直接接地
	500 kV	统计操作过电压 $2\sqrt{2}U_{xg}$	直接接地
相间	3~220 kV	易取相对地内过电压的 1.3~1.4 倍	
	330 kV	可取相对地内过电压的 1.4~1.45 倍	
	500 kV	可取相对地内过电压的 1.5 倍	

13.2.2　开断电容器组过电压

(1)开断电容器组过电压的产生原因与性质

其产生的主要原因是断路器重燃造成的。开断三相中性点不接地的电容时,会在电容器端部、极间和中性点上都出现较高的过电压。

(2)开断电容器组过电压的特点

过电压幅值会随着重燃次数增加而递增。

13.2.3　开断空载长线过电压

(1)开断空载长线过电压的产生原因与性质

断路器开断工频电容电流过零熄弧后,便会有一个接近幅值的相电压被残留在线路上。此时断路器触头发生重燃,相当于一次合闸,使线路重新获得能量,使过电压按照重燃次数依次递增。

(2)开断空载长线过电压的特点

开断空载长线过电压具有明显的随机性。据统计,使用重燃次数较少的空气断路器时,过电压不会超过 U_{xg} 的 2.6 倍;使用少油断路器时,不超过 U_{xg} 的 2.8 倍;使用有中值或低值分闸电阻的空气断路器时,不超过 U_{xg} 的 2.2 倍;在中性点非直接接地的 63 kV 及以下电网中,不超过 U_{xg} 的 3.5 倍。

13.2.4　关合空载长线过电压

(1)关合空载长线过电压产生原因与性质

空载长线合闸电源时,电压波行至终端产生反射,形成接近 U_{xg} 的 2 倍末端电压的过电压。线路重合时,由于电源电势较高和线路上存在着残余电压,将使这种过电压更高。关合空载长线过电压是确定绝缘水平的主要原因。

（2）关合空载长线过电压特点

①工频瞬时过电压是关合空载长线过电压的强制分量，因此，影响工频瞬时过电压的因素也是影响关合空载长线过电压的因素；

②合闸时，电源电压与线路残余电压极性相反，合闸并且相角接近为 0 ℃时，过电压将达最大；

③不成功的重合闸过电压幅值高于成功的重合闸过电压；

④三相动作不同期时，因相间耦合，使后合闸相上的残余电压增加 10%～30%。

13.2.5   开断空载变压器过电压

（1）开断空载变压器过电压产生原因与性质

由于空载变压器的激磁电流很小，开断时不一定在电流过零时熄弧，在某一数值下被强制切断。此时，储存在电感线圈上的磁能将转化成为电能，并震荡不已，使变压器两侧均出现过电压。

（2）开断空载变压器过电压特点

①当变压器的铁芯为热轧硅钢片、线圈形式为连续式线圈时，激磁电流多为额定电流的百分之几，开断空载变压器过电压较高，一般不超过 4.0 倍的 U_{xg}。

②当变压器的铁芯为冷轧硅钢片、纠结式线圈时，激磁电流一般不超过额定电流的百分之一，空载变压器过电压一般不超过 3.0 倍的 U_{xg}。

13.2.6   开断并联电抗器过电压

（1）开断并联电抗器过电压的产生原因及性质

开断并联电抗器和开断空载变压器一样，都是开断感性负载，只要开断过程中出现截流就会产生过电压。

（2）开断并联电抗器过电压的特点

①开断的电流为电抗器的额定电流，远比开断空载变压器的激磁电流要大；

②开断并联电抗器的频率为数千赫兹或更大，开断空载变压器的频率仅为数百赫兹。

13.2.7   开断高压电动机过电压

开断高压电动机过电压的性质、产生原因及特点：

开断高压电动机可能产生截流过电压、三相同时开断过电压和高频重燃过电压。

截流过电压主要发生在电动机空载运行开断时，更高的过电压则发生在电动机起动或制动过程中开断。此时，过电压幅值可达 3～5 倍。

三相同时开断过电压与高频重燃过电压多产生在使用截流能力很强的真空断路器的情况。

高频重燃过电压由于开断后产生的高频振荡，使断路器发生多次重燃造成的。幅值可高达 4～5 倍。

13.2.8   解列过电压

多电源系统中，因故障或系统失稳，在长线路的一端解列，导致瞬态振荡所引起的过电压为解列过电压。

解列过电压产生原因与特点：

①线路两端电源的电势相角差因故摆开并超过 $120°$，系统因失步解列使断路器两侧电压产生振荡。线路末端的过电压可能超过工频瞬时电压的两倍。

②线路末端发生非对称接地短路。幅值一般不超过工频瞬时过电压的 $1.5\sim1.7$ 倍。

13.2.9　间歇电弧过电压

(1)间歇电弧过电压产生的原因及性质

中性点不接地电网发生单相接地时流过故障点的电流为电容电流。经验说明，在 $3\sim10$ kV 电网的电容电流超过 30 A 时、35 kV 及以上的电网的电容电流超过 10 A 时，接地电弧不易自行熄灭，形成熄灭和重燃交替的间歇性电弧，从而使故障相、非故障相和中性点都产生过电压。

(2)间歇电弧过电压产生的特点

间歇电弧过电压一般不超过 3.0 倍 U_{xg}，极少达到 3.5 倍 U_{xg}，低于绝缘水平。

13.3　过电压的监测方法

13.3.1　过电压的采集方式与实用特点

目前，我国供电电网中对过电压的检测取样主要有三种常用方式(杨海生，2012)。

(1)从电压互感器二次取信号

该方法仅适合采集工频过电压及其瞬时过程，对于高频分量会有较大程度的衰减，不适合监测操作过电压和雷电过电压。

(2)在运行设备的末屏加装低压臂电容，组成电容分压器采集信号

该方法简单实用，能够满足工程应用的要求。

(3)在母线或出线加装专用电容分压器采集信号

该方法波形记录准确性高，但需要在母线上加装分压器，对分压器的准确性要高，且能够长期挂网运行。

13.3.2　过电压监测装置实用采集技术

(1)变速率采集技术或实用波形压缩技术

快速的雷电过电压、操作过电压波形可采用高采样速率或低压缩比，该方法可保证过电压最大值的准确采集记录。慢速的工频瞬时过程采用低采样速率或高压缩比，以保证采样波形记录的准确性。

(2)专用过电压传感技术

采用弱阻尼电容分压器或采用串联低压臂电容的方式，从工频到高频具有良好的频率响应特性、温度特性和线性度，满足过电压及其瞬时过程检测的要求。

(3)WEB 远方监控技术

通过 WEB 方式组成远方实时监控网络，对整个区域电网实施检测。

13.3.3 过电压监测网络

变电站中的监测设备通过工控机接入到局域网中,监测设备采集数据传递到服务器上,各监视器通过服务器查看供电网络的运行情况(如图13.1)。

对于10 kV、35 kV的电压等级,需要在母线上并联专用弱阻尼电容分压器,安装于PT(电压互感器)间隔的开关柜中。瞬时过电压记录装置安装于控制柜中。

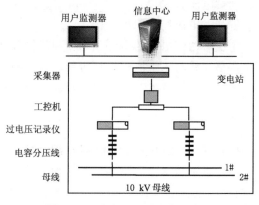

图13.1 过电压监测网络示意图

13.4 操作过电压的调查方法

13.4.1 通过调查线路的不同级别确定过电压的产生空间位置

检查不同级别的线路工作情况确定工作异常位置。线路级别可分为三级:第一级为单位变压器配电柜,其过电压的影响范围仅限变压器所属线路;第二级为区域供电所,其过电压影响范围为供电所控制的区域;第三级为高压变电所,其过电压影响范围为变电所所属的供电区域。

13.4.2 通过调查不同的配电柜确定过电压产生的故障电器

工作线路的操作过电压多发生在设备故障、空载开关过程中。如电网中,由于电容、电感等组件在发生故障或操作时将产生充电再充电或能量转换的过渡过程,电压的强制分量叠加以瞬时分量形成作过电压,操作开断电容器组、开断空载长线、关合空载长线、开断空载变压器、开断并联电抗器、开断高压电动机、间歇电弧、系统因失步解列等原因皆可造成过电压,但是这些过电压多发生在电网中,影响面广,在操作过电压调查中,只要进行电网内工作电压运行比较、同一变压器下工作电压运行比较,就可了解过电压的存在情况与过电压的增长幅度。

第 14 章　案例分析

14.1　"9·17"某小学雷击事故调查鉴定

案例:2002 年 9 月 27 日,山东莒县某镇姜庄小学发生一起雷击事故,造成一女生死亡、1 男生烧伤,10 月 1 日,莒县气象局接案后立即组织有关技术人员对此案进行了调查,经调查鉴定,确定了闪电的类型,明确了责任归属。

14.1.1　立案

2002 年 10 月 1 日,受死者家属委托,经当地气象主管机构—莒县气象局负责人同意,按照程序办理立案手续,成立雷电事故调查组,委托两名防雷技术专家及书记员实施调查鉴定工作,于当日展开事故调查,表 14.1 为委托受理立案登记表,表 14.2 为莒县气象局调查鉴定委托书(或者委派书)。

表 14.1　雷电灾情调查鉴定委托受理登记表

申请人 基本 情况	姓名	历××	性别	男	报案时间	2002 年 10 月 1 日
	工作单位	姜庄村委		身份证		—
	案件地点	姜庄小学五年级教室		联系电话		—
受灾单位 基本情况	受灾单位	姜庄小学		联系人		—
	单位地址	姜庄		联系电话		—
灾情 记录	受灾单位	姜庄小学		发生地点		5 年级教室
	发生时间	2002 年 9 月 27 日		联系电话		
	受灾基本情况	2002 年 9 月 27 日,莒县某镇姜庄小学出现雷击事故,一女生身亡,两男生烧伤。				
证人基 本情况	姓　名	徐×(建筑工人)		联系方式		
	身份证	—		地　址		凌阳小埠堤
	姓　名	兰×(学生)		联系方式		
	身份证	—		地　址		姜庄村委
气象主管 机构负责 人批示	同意立案调查鉴定				负责人:单×× 2002 年 10 月 1 日	
接案人	孙××			接案时间		2002 年 10 月 1 日

表 14.2   雷电灾情调查鉴定委托书

申请单位	李××		申请时间	2002 年 10 月 1 日
案　情	2002 年 9 月 27 日,莒县某镇姜庄小学出现雷击事故,一女生身亡,两男生烧伤。			
调查鉴定目的	调查事故的原因,确认 3 学生伤亡原因,分清责任。			
受委托人基本情况	姓　名	林××	职务/职称	副局长/兼执法科科长
	联系电话	—	身 份 证	—
	姓　名	孙××	职务/职称	科长/兼执法科员
	联系电话	—	身 份 证	—
鉴定单位负责人审批意见	同意鉴定 　　　　　　　　　　　　　　　　　　　鉴定单位负责人:单×× 　　　　　　　　　　　　　　　　　　　2002 年 10 月 1 日			

14.1.2   现场证人调查

2002 年 9 月 27 日下午 14 时左右,天空一道闪电闪过,随后在教师临时办公室上空出现一个火球(学生张某某等人发现),该火球碰击学前班教室的房瓦并造成一个直径 30 cm 的洞,同时该火球分成两个,其一进入学前班教室,另一火球降落距地面 1.3 m 的高度,6 年级学生孙某发现火球后转身跑向 6 年级教室(5 年级后面),火球尾随孙某大约 12 m 后,转向 5 年级教室的后窗(如图 14.1)。

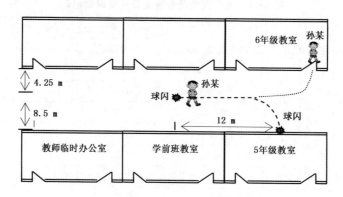

图 14.1   室外球闪运动轨迹示意图

当该火球碰到 5 年级教室后墙中窗口东侧墙(图 14.2 中 A 点)时发生爆炸,站在附近的女学生王某随即倒下,爆炸后的火球又分成三个,其一飞出教室向东移动,其二向房梁的方向移动并碰撞房梁后消失,其三沿后墙自 1♯ 位置至 4♯ 位置,从男学生历某胸前自上向下移动撞击地面后消失,将男学生历某胸前烧伤(火球室内运动轨迹如图 14.2)。

14.1.3   现场勘查

①学前班教室(如图 14.1),房顶的背阴面有一个 20 cm×20 cm 的瓦片破损处,该处距东墙 3 m、位于东架梁正上方、房脊下面约 20 cm 处,此处瓦片向外散落,房顶内衬未透。其正下方北侧叉首上面,自此处向下近 1 m 的长度出现表皮破损,但内纤维未破裂。梁与北墙结合

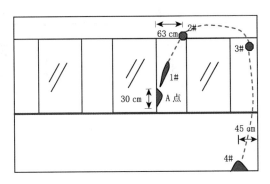

图 14.2　教室内火球运动轨迹示意图

部下方,有一个 7 cm×5 cm 深 1.5 cm 的小坑。梁的东侧下方 25 cm 处有一个直径 5 cm 的圆坑,深 3 cm。房顶屋耙出现多处苇毛烧糊状。

②5 年级教室中间窗户东侧窗台上方 30 cm 处,有一块 7 cm×5 cm 墙皮脱落,其东侧有一上东下西斜划痕迹(如图 14.2 的 1# 位置),最深处 1 cm(如图 14.2);2# 位置为 2 cm×2 cm 深 1 cm 的小坑,3# 位置为 3 cm×4 cm 深 2 cm 的小坑,4# 位置为 7 cm×9 cm 深 3 cm 的小坑,1#～4# 小坑之间有一条明显的白色痕迹连接。

③现场气味调查。经对现场各破损点进行气味调查,1#～4# 点皆未出现异常气味。

④现场破损点的痕迹调查。经对现场 1#～4# 破损点的周边痕迹检查发现,各破损点边沿形状皆成圆锥形,深度 1～3 cm,除建筑材料外,无其他物质。

⑤运行轨迹调查。事故发生时,5 年级教室整排平房外墙完工 2 天,外层混凝土湿度较大,自 1#～4# 破损点间,有一条明显的痕迹相连,且痕迹呈白色。

⑥周边金属构件的剩磁量调查。采用剩磁量测量仪对 1#、4# 附近的课桌、凳子及墙上的钉子进行剩磁量检测,皆发现剩磁。

14.1.4　地理、地质、历史雷电灾害、气象资料调查

查询莒县气象局 9 月 27 日中午的气象资料(如表 14.3)。

表 14.3　雷电灾情调查鉴定气象、环境、历史资料调查表

	台站名称	××县气象局		观测员	欧××
气象资料	雷电起止时间、方向	初始	13 时 45 分	方向	S
		终止	14 时 20 分	方向	NNE
	距离雷灾地间距	9 km		方向	E
	气象观测记录	13 时 45 分莒县气象局出现雷暴降水天气,雷暴截止 14 时 20 分,降雨时间截止 17 时,雷雨天气时伴随 5 m/s 的东北风。　　　　　　　　　　　　　　　　　　　　观测员:欧××			
周边环境状况资料	地表状况	学校内有大树一棵,高度 19 m。办公室与教室共 5 排,附近为村庄,学校处在村庄中央位置。			
	地质状况	地表层为金属铁矿石,但是含量较低。			
	架空导线、金属构件的设置情况	电源线路未设置,附近没有金属构件。			

受灾点 1 km 地表状况图	民房 民房　操场　　大树　事故教室　民房 办公室 民房
历史资料	历史雷击情况	该村多次出现落雷现象,1986 年出现一次雷击事故,死亡一人,近几年,每年皆有落雷现象,电器有雷击现象。
	建(构)筑物变化情况	5、6 年级教室为翻新,事故发生时,窗户未安装。
调查人	孙××	复核人	林××

14.1.5　受害人灾情调查

受害人灾情调查,该灾情来自莒县人民医院的莒县法院法医鉴定结论,现场证人调查为现场的学生,调查情况见表 14.4。

表 14.4　雷电灾情调查鉴定人体危害现场调查表

受灾人基本情况	单　位	莒县××镇姜庄小学		地　址		姜庄村	
	灾情地点	5 年级教室		灾情时间		2002 年 9 月 27 日 14 时 02 分	
	姓　名	王××	性别	女	身份证	—	
	姓　名	历××	性别	男	身份证	—	
灾情现场位于室内	人体与柱筋等金属构件的关系			死亡女学生王某与受伤男学生历某附近没有金属			
	金属门窗等金属构件等电位连接情况			伤亡学生附近未安装金属门窗			
	人体与电气设备的关系			无			
灾情司法鉴定	1、死亡女学生王某的死亡原因为心脏破裂。						
	2、受伤男学生历某的伤害为Ⅲ度烧伤。						

灾情现场 1 km 地表状况图	民房 民房　操场　　大树　事故教室　民房 办公室 民房

人证调查资料	姓　名	徐××	性别	男	身份证	—	
	健康状况	健康	职业	建筑工人		学历	初中
	目击灾情记录	有关该建筑隐含工程(包括建筑物的金属柱筋、建筑物的金属基础等金属构件的设置情况)					
	姓　名	兰××	性别	男	身份证	—	
	健康状况	健康	职业	学生		学历	小学
	目击灾情记录	目击火球降落并追随至 5 年级教室 A 点,直至爆炸、王×倒地。同时,同桌同学李××也目睹了火球伤害王×的整个过程。					
调查人		孙××		复核人		林××	

14.1.6　雷电事故分析与判定

经调查人员对现场调查、证人询问、现场勘查、地质状况调查、地表建筑调查、气象资料查询、司法鉴定调查基本情况进行分析,判定"9.27 伤亡事故"为球状闪电所为;王某某死亡原因为球闪爆炸冲击波对王某某的心脏直接冲击,造成心脏破裂;历某某为球闪烧伤。

（1）事故分析

①事故原因调查分析

第一、学生张某某等人自教室中看到闪电直接落地,说明闪电的闪击点与教室有一定距离。

第二、从教室的布局与地表建筑物等分布状况分析,教室的西部不足 2 m 的地方就是 19 m 的大树,学生院墙东侧不足 3 m 就是成排大树（高度 15 m）,按照第三类防雷建筑物考虑,假如 19 m 的大树为接闪杆,当保护高度为 2.5 m 时其保护半径为 26 m,高度 15 m 的大树保护范围 22 m,5 年级教室整排校舍的长度为 27 m,由此推断 5 年级教室处于周边大树的保护范围之内,直接雷击教室与室内的学生的概率较小,且附近树木皆未出现被雷击的迹象。

第三、6 年级的孙某某、5 年级的兰某某、李某某在事发时看到的火球及其表现特点符合球闪的表现形式。

第四、学前班、5 年级教室遗留的破坏迹象也不符合带有电流特点的闪电所表现的形式,电流将沿电阻最小的通道泄放,不会在室内乱窜,而从此轨迹分析,潮湿的石灰墙面干燥后将由灰色变成白色,而从现场的 1♯～4♯ 破损点的连接轨迹（白色）分析,该轨迹的形成必然由高温所为,说明沿该轨迹运行的物质具有较高热量。

第五、球闪多发生在雷雨天气（有时也出现在晴天）,其出现到消失的时间大约在几秒的时间,球闪的半径不定但具有分裂特点,其活动范围不定可随气流跳动,遇到物体时爆炸,含有一定热量。

第六、经过对 1♯～4♯ 破损点的痕迹、气味及剩磁量调查分析,排除了雷电、炸药所为。

根据上述调查分析,造成此次事故的闪电类型为球状闪电。

②王某某的死亡原因调查分析

王某某在事故发生时站在 A 点不足 20 cm 的课桌旁边,在球闪碰到 5 年级教室中窗东侧水泥墙时发生爆炸,爆炸冲击波造成王某某当场死亡,其死亡时无任何外伤,面色苍白,经法医鉴定为心脏破裂。

③历某某的伤害原因调查分析

事故发生时,历某某站在 5 年级教室东墙,突然一球闪自其面前闪过,球闪过后其前部自前胸至大腿部分出现高温烧伤迹象,经法医鉴定为Ⅲ度烧伤,此为球闪高温烧灼所为（林建民,2004）。

（2）回归分析

2002 年 9 月 27 日,莒县××乡镇姜庄小学出现雷雨天气,14 时 02 分伴随学校附近一云地闪电过后,学前班教室房顶出现一球状闪电,该球状闪电碰撞学前班教室房顶瓦片后分裂成两个,其一进入学前班教室,其二飘至距地面 1.5 m 高度（如图 14.1 所示火球位置）,进入学前班教室的球闪造成该教室的多处损坏（14.1.3 现场勘查记录）,球闪二落地后尾随学生孙某自西向东运动,由于当时为东北风,受风力影响在孙某转向 6 年级教室时,球闪改变方向至 5 年

级教室中窗东侧并碰窗楞爆炸,造成 A 点附近的王某某心脏破裂死亡,爆炸后的球闪分成 3
个,其一上升撞梁后消失(造成梁表层轻微破裂),其二沿后墙移动到学校东墙外,其三球闪在
A 点爆炸后沿后墙的 1♯～4♯点运动并在 4♯点爆炸消失,由于球闪自身温度较高,在运动中
在石灰墙上留下了白色的痕迹,同时造成历某某的前胸烧伤。

表 14.5　雷电灾情调查鉴定分析报告

案件名称	"9·27"雷击事故				
调查鉴定单位	莒县防雷中心				
调查组组成人员	负责人	林××	职称	工程师	资格证号	—
	组员	孙××	职称	工程师	资格证号	—
	组员	何×	职称	助工	资格证号	—
调查鉴定结论	经调查小组以有关法律法规及技术规范对"9·27"事故进行鉴定,确定该次事故闪电为球状闪电;王某某的死亡原因为球闪爆炸冲击波造成;历某某的伤害为球闪高温烧灼造成。 　　　　　　　　　　　　　　　　　　　　　　　　　　　2002 年 10 月 8 日				
	调查人	孙××	复核人	林××	负责人	单××
鉴定单位意见	同意调查组的鉴定结论 　　　　　　　　　　　　　　　　　　鉴定单位(章):××县气象局 　　　　　　　　　　　　　　　　　　2002 年 10 月 10 日				

14.2　"3·21"加油站雷击事故调查与鉴定

2012 年 6 月 10 日 13 时 52 分,华东蓝海石油化工集团日照第十二加油站(以下简称第十
二加油站)J₃加油机起火、防爆灯爆炸、配电箱部分开关烧坏,险酿重大事故。

14.2.1　基本灾情调查

2012 年 6 月 10 日 13 时 52 分,第十二加油站(119.23280°E、35.258500°N)J₃加油机出现
火灾事故,经检查为 J₃加油机控制线路板烧坏起火;与此同时该加油站的罩棚防爆灯爆炸;J₃
加油机电源线路控制开关烧坏;距离 J₃加油机 80 cm 的立柱(3♯立柱)底部 5 cm 处,有一面
积 30×14 cm 的大理石装饰板炸开。

14.2.2　基本情况调查

该加油站处于南北向道路的西侧 20 m 处,周围 5 km 内为农田,无其他建筑物,其西侧
120 m 处为一高压架空线路,加油站变压器房位于加油站西北侧 30 m 处,加油站变电室与架
空线路间采用埋地电缆穿金属管引入,且入室端金属管与收款室主筋等电位连接。加油站收
款室与加油机罩棚相连(如图 14.3),对空面积为 20 m×12 m,高为 10 m。罩棚天面为钢管金
属屋面,以 4 根钢筋混凝土立柱支撑,立柱外挂 1.5 cm 厚大理石,立柱钢筋与罩棚及地基钢筋
绑扎相连,地基深为 3.0 m,J₁—J₄加油机距离立柱皆为 80 cm。

14.2.3　防雷及防静电设施调查

加油机罩棚顶正中竖有 8 m 高接闪杆,四周设接闪带(二类建筑物标准),接闪杆与接闪

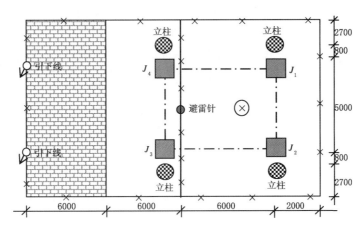

图 14.3 罩棚防雷及加油机静电设施平面分布示意图(单位:mm)

带及罩棚圈梁、立柱立筋相连,其间过渡电阻为 0.01 Ω,并沿西墙引两条引下线,工频接地电阻为 3.2 Ω。每个加油机水泥台旁边设一根长 2.5 m,规格为 5 mm×50 mm×50 mm 角铁垂直接地体,距立柱基础钢筋为 80 cm(图 14.3),各接地体用 4 mm×40 mm 镀锌扁铁连成闭合接地网,工频接地电阻为 3.2 Ω。

14.2.4 电源线路调查

3 相 4 线制线路,自变压器房配电盘穿管理地引至加油收款室分配电箱、加油机和用电器。J_1,J_2,J_4 加油机线路皆自收款室总配电柜独立输出,电机为 380 V 型。J_3 加油机及控制线路为 220 V 供电(如图 14.4),电气连接良好,加油机中性线(N)与机壳相连。J_3 加油机线路自分配电箱输出与防爆灯共中性线。

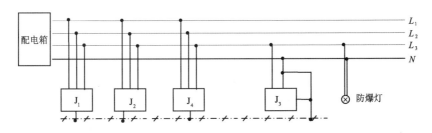

图 14.4 用电设备连接示意图

14.2.5 受损设备及连接线路的金相与剩磁量调查

经对接闪杆及周边金属构件调查,接闪杆杆尖有明显的银白色灼烧迹象,杆尖出现光滑的凹面,呈灰白色。从 J_3 加油机立柱爆面看,此处为立筋绑扎,接口处有银灰色电灼迹象,爆破处无任何异味。

利用 K-8290 型剩磁量测量仪对接闪杆及附近金属构件剩磁量测量,结果为:接闪杆杆尖为 8.6 mT、接闪杆为 15.3 mT、与立柱连接的接闪带为 10.1 mT、爆炸立柱钢筋为 8.6 mT、J_3 加油机机壳为 5.3 mT。由此可判定加油机罩棚接闪杆为雷击点。

14.2.6　电力过电压调查

经对东港区电力公司调度室(该加油站供电部门)调查,2012 年 6 月 10 日 13 时至 15 时期间,日照市东港区供电所未出现电容及电感损坏及电网重开现象。

14.2.7　雷电监测调查

(1)闪电定位仪查询

对山东省日照市 2012 年 6 月 10 日 13 时 30 分—14 时 21 分雷电监测资料查询,结果见表14.6。

表 14.6　2012 年 6 月 10 日 13 时 30 分 00 秒至 14 时 21 分 00 秒日照市境内雷电数据

编号	GPS 时间	经度(°E)	纬度(°N)	电流强度(kA)	雷电流上升陡度
10562	13:31:06.986	119.14634	35.408075	−11.96286	4.601101
10589	13:39:29.639	119.33918	35.466964	−8.348143	2.385184
10622	13:51:43.470	119.23092	35.258540	−28.523096	1.531781
10649	13:56:38.438	119.30916	35.151146	−10.49323	4.996776
10660	13:57:58.890	119.26524	35.100024	−7.433007	2.654645
10737	14:14:41.088	119.02235	35.133437	−6.609614	3.147435
10763	14:17:34.453	119.26975	35.033251	−7.550861	2.435762
10765	14:18:50.679	119.36725	35.020210	−12.75059	3.643025

(2)天气实况查询

经对日照市气象局探空资料调查,2012 年 6 月 10 日 13 时 29 分—14 时 09 分日照市境内出现雷雨天气,雷暴出现方向位于观测场(日照市气象局观测场经纬度为东经 119°35′、北纬 35°26′)的西北部。

(3)天气形势分析

从 6 月 10 日 08 点离雷击事故最近点的青岛的 $T\text{-}\ln P$ 图上可以看出,雷击事故当天,对流层中层存在一定的不稳定能量,温度层结曲线和露点曲线则为较明显的喇叭口,即下部紧靠,上部分离。从图上还可以看出近地面层存在浅薄的逆温层和较大的相对湿度,而高空存在着弱的冷平流,低层暖湿,高层干冷有利于触发对流性天气的发生,而低层逆温层有利于不稳定能量的积累。通过青岛的 $T\text{-}\ln P$ 图求出的对流温度 T_g 大约为 23 ℃ 左右,(由于近地面层有逆温层,对流温度 T_g 可由以下方法求得,即先求出通过逆温层上限的湿绝热线和通过地面露点温度沿等饱和比湿线的交点 H,然后再在 H 点做干绝热线与地面等压线的交点所对应的温度即为 T_g)而当天的事发点最高气温超过 26℃,超过了对流温度 T_g,所以对流容易产生,而中层的正的不稳定能量促使对流加剧。

14.2.8　危害因子与过电压危害路径调查

(1)分析痕迹与连接关系,确定危害因子

该次事故的损坏特点说明该线路中存在过电压,而从过电压产生原因分析,线路过电压主要来源电网操作过电压与大气过电压。根据调查情况分析,在设备受损时段内未出现电网过

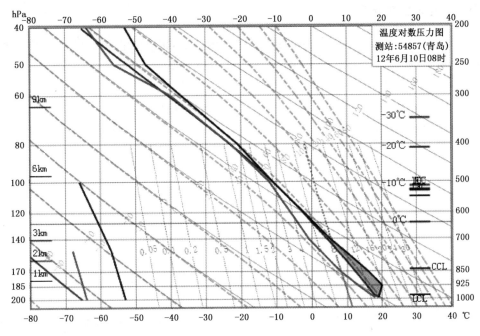

图 14.5　2012 年 6 月 10 日早 8 时青岛温度对数压力图

电压,因而确定为大气过电压所为。

　　(2)分析并确定过电压的产生线路及最小危害过电压

　　遭受雷击的设备对冲击电压的承受能力不同,漏电保护开关的耐冲击电压额定值为 4 kV,防爆灯为 2.5 kV,加油机控制线路板为 1.5 kV。从 J_3 加油机线路回路看,加油机与防爆灯共零不共相,而漏电保护开关既通零又通相,其间电势升高,必然其一条线路具有高电势,且冲击电压大于 4 kV,自线路连接情况分析,与中性线连接的加油机与防爆灯皆出现雷击,因此确定中性线具有过电压。

14.2.9　闪击点及泄流通道调查

　　(1)接闪杆金相与剩磁分析

　　接闪杆针尖有明显的银白色灼烧凹面迹象,且表面光滑无空洞。从剩磁量分析可知,接闪杆杆尖较小、下部较大、周边较小。结合金相与剩磁量分析确定接闪杆为雷击点。根据线路的连接情况及过渡电阻分析,两条引下线及 4 根立柱皆可为泄流通道。而根据 3♯立柱破损部位的剩磁量判断,也可证明该处为泄流通道。

　　(2)中性线过电压产生的方式

　　中性线接地有两处:一是"三位一体"于变压器处接地,进入收款室配电柜前线路穿管引入,具有一定的屏蔽作用,四线升压相等,各线路间压差不变;二是 J_3 加油机中性线于机壳重复接地,其位于立柱附近,具备受感应条件,因而确定过电压来源于 J_3 加油机端。J_3 加油机与 3♯立柱无导线连接,无法直接传输过电压,其产生过电压的途径只有感应与反击,而具有良好的金属外壳具备了屏蔽作用,因而只有立柱的反击具有让与中性线连接的加油机接地体升压。

14. 2. 10　雷电流强度调查

调查发现,在 J_3 加油机受损的时间有一次雷电闪击,但是该次闪击的监测经纬度(E_1、N_1)与实际雷击点(E_0、N_0)有一定距离,其间距 D 为:

$$D = \sqrt{[(E_1 - E_0) \times 110]^2 + [(N_1 - N_0) \times 111]^2} = 0.2067 \text{ km}$$

由于闪电定位仪存在一定的距离精度误差,ADTD 雷电探测仪允许误差范围为 600 m,该距离误差符合要求,因此可将该雷电闪击资料点作为实际雷击点,该次闪击的雷电流强度 I 为 28.523096 kA。

14. 2. 11　3♯立柱钢筋的雷电流强度调查

接闪器接闪后通过两次分流泄流。首次为流向接闪带与流向圈梁间分流,分流系数为 $K_{c1} = 0.66$,二次分流为立柱之间,分流系数为 $K_{c2} = 0.44$,流经 3♯立柱(各立柱)的雷电流 $I_{立柱}$ 为:$I_{立柱} = I_{圈梁} \cdot K_{c2} = I \cdot K_{c1} \cdot K_{c2} = 8.27 \text{ kA}$。

14. 2. 12　调查分析立柱及加油机处土壤电阻率检测

利用 MI2127 接地电阻综合测试仪,检测加油机罩棚东侧 4 m 处、南侧 5 m 处、北侧 4 m 处的土壤电阻率,分别为 94.8 $\Omega \cdot$ m、95.0 $\Omega \cdot$ m、95.2 $\Omega \cdot$ m,平均为 95.0 $\Omega \cdot$ m。

14. 2. 13　加油机中性线的感应电势调查

雷电流在地面泄流过程中,形成以泄流点为中心的电压降,距离 3♯立柱 80 cm 的基础钢筋的反击电压 U_r 为:$U_r = I\rho/2\pi r = 157.13 \text{ kV}$

式中:I 为立柱基础钢筋泄放的雷电流(kA);

ρ 为该处的土壤电阻率($\Omega \cdot$ m);

r 为加油机垂直接地体距离基础钢筋的距离(m)。

在湿土中混凝土的电阻率与黄土相近似(100～200 $\Omega \cdot$ m),2 cm 厚的混凝土可视与黄土同电阻率。3♯加油机中性线与机壳及垂直接地体等电位相连,因而中性线电压电势升 157.13 kV,L-N 间过电压约升为 156.91 kA,远大于 4 kV,因而造成设备的损坏。

14. 2. 14　调查鉴定结论

经调查分析,本次事故为雷电泄流过程中立柱高电压对加油机接地体反击所致。

与接地体等电位连接的加油机分别带有 157.13 kV 的高电位,由于集肤效应,大量电荷分布机壳,1♯、2♯、4♯加油机相线路与机壳绝缘且穿管进入,受感应电势 E_g($E_g \ll U_r$)升高很小且等电位,因而 1♯、2♯、4♯加油机控制线路未出现雷击。3♯加油机中性线与机壳相连,因而感应同等电位,造成 3♯加油机线路回路 L-N 间电压约升为 156.91 kA,电流自加油机中性线端,沿中性线流向总配电盘"三位一体"接地装置。由于 3♯加油机线路回路 L-N(相线与中性线)间冲击电压远远大于其线路上控制线路板、防爆灯、漏电保护开关的耐冲击电压,因而这些用电器被击穿烧坏。

第 15 章　雷击事故调查鉴定管理依据

自 2000 年 1 月 1 日《中华人民共和国气象法》颁布实施以来,我国先后建立健全了雷电防护管理的法律、法规、规章、制度,从而规范了气象行业的雷电防护管理,使雷击事故调查鉴定有了法律依据。近年来,各种雷电防护技术规范相继出台,使雷电灾害的调查鉴定有了切实可行的技术依据。

15.1　雷击事故调查鉴定的法律依据

15.1.1　雷击事故调查鉴定的法律依据

(1)《中华人民共和国气象法》

2000 年 1 月 1 日,《中华人民共和国气象法》的颁布实施,确定了气象主管机构在雷电防护管理工作中的职能。其有关条款摘录如下:

第三十一条　各级气象主管机构应当加强对雷电灾害防御工作的组织管理,并会同有关部门指导对可能遭受雷击的建筑物、构筑物和其他设施安装的雷电灾害防护装置的检测工作。

(2)《气象灾害防御条例》

2010 年 1 月 27 日,中华人民共和国国务院发布 570 号令,颁布实施了《气象灾害防御条例》,更加细化了气象主管机构的职能范围,明确了气象灾害的调查鉴定机构。其有关条款摘录和说明如下:

第二条　在中华人民共和国领域和中华人民共和国管辖的其他海域内从事气象灾害防御活动的,应当遵守本条例。

本条例所称气象灾害,是指台风、暴雨(雪)、寒潮、大风(沙尘暴)、低温、高温、干旱、雷电、冰雹、霜冻和大雾等所造成的灾害。

水旱灾害、地质灾害、海洋灾害、森林草原火灾等因气象因素引发的衍生、次生灾害的防御工作,适用有关法律、行政法规的规定。

第三十二条　县级以上地方人民政府应当建立和完善气象灾害预警信息发布系统,并根据气象灾害防御的需要,在交通枢纽、公共活动场所等人口密集区域和气象灾害易发区域建立灾害性天气警报、气象灾害预警信号接收和播发设施,并保证设施的正常运转。

乡(镇)人民政府、街道办事处应当确定人员,协助气象主管机构、民政部门开展气象灾害防御知识宣传、应急联络、信息传递、灾害报告和灾情调查等工作。

第四十二条　气象灾害应急处置工作结束后,地方各级人民政府应当组织有关部门对气象灾害造成的损失进行调查,制定恢复重建计划,并向上一级人民政府报告。

（3）《山东省气象灾害防御条例》

2005 年 7 月 29 日,山东省人民代表大会常务委员会以地方法规的形式,发布了《山东省气象灾害防御条例》,该法规的颁布实施,明确了山东省气象主管机构在气象灾害防御工作中的管理职能。其有关条款摘录如下:

第二条　本条例所称气象灾害,包括天气、气候灾害和气象次生、衍生灾害天气、气候灾害,是指因台风(热带风暴、强热带风暴)、暴雨(雪)、雷暴、冰雹、大风、沙尘、龙卷、大(浓)雾、高温、低温、连阴雨、冻雨、霜冻、结(积)冰、寒潮、干旱、干热风、热浪、洪涝、积涝等因素直接造成的灾害。气象次生、衍生灾害,是指因气象因素引起的山体滑坡、泥石流、风暴潮、森林火灾、酸雨、空气污染等灾害。

第二十四条　重大气象灾害发生后,由灾害发生地的县级以上人民政府组织气象主管机构和其他有关部门开展灾情调查和救援工作。气象主管机构应当确定气象灾害的种类、程度及其发展趋势,并做好气象服务工作。其他有关部门根据职责分工,做好气象灾害应急救援工作。

（4）《防雷减灾管理办法》

2011 年 7 月 11 日,中国气象局发布了第 20 号令,发布部门规章《防雷减灾管理办法》,明确了各级气象主管机构在雷电灾害防御工作中的职责范围、任务与管理目标。有关条款摘录如下:

第二条　在中华人民共和国领域和中华人民共和国管辖的其他海域内从事防雷减灾活动的组织和个人,应当遵守本办法。

本办法所称防雷减灾,是指防御和减轻雷电灾害的活动,包括雷电和雷电灾害的研究、监测、预警、防护以及雷电灾害的调查、鉴定和评估等。

第二十四条　各级气象主管机构负责组织雷电灾害调查、鉴定和评估工作。其他有关部门和单位应当配合当地气象主管机构做好雷电灾害调查、鉴定和评估工作。

第二十五条　遭受雷电灾害的组织和个人,应当及时向当地气象主管机构报告,并协助当地气象主管机构对雷电灾害进行调查与鉴定。

第二十六条　地方各级气象主管机构应当及时向当地人民政府和上级气象主管机构上报本行政区域内的重大雷电灾情和年度雷电灾害情况。

第二十七条　各级气象主管机构应当组织对本行政区域内的大型建设工程、重点工程、爆炸危险环境等建设项目进行雷击风险评估,以确保公共安全。

15.1.2　法律法规中雷电灾害调查鉴定的主、客体

国家法律法规确定了气象灾害的界定范围,明确指出"雷暴"为"气象灾害"。明确了雷电事故调查鉴定的客体就是雷电灾害。

明确了气象灾害的调查鉴定主体为各级气象主管机构,该机构负有气象灾害(雷击事故)调查鉴定职责。

15.2　雷电灾害调查鉴定的技术依据

15.2.1　气象行业标准依据

2009 年 11 月 1 日,中国气象局发布了中华人民共和国气象行业标准:QX/T103—2009

《雷电灾害调查技术规范》。该标准针对雷电引起的人员伤亡、建(构)筑物损坏等雷击事故的调查鉴定,规定了雷电灾害的调查原则、项目、组织、程序、内容、方法、分析与评估。

15.2.2　相关技术标准依据

针对雷电灾害的调查鉴定的技术要求,下列国际标准与国标皆可作为调查技术依据。各位防雷专家的专著也是雷电灾害调查鉴定不可缺少的理论依据,在雷电灾害调查鉴定工作中具有较强的指导作用。

①IEC 62305—1《雷电防护》第一部分:总则。

②IEC 62305—4《雷电防护》第四部分:建筑物内电气和电子系统。

③GB16840.2—1997《电气火灾原因技术鉴定方法》第二部分:剩磁法。

④GB16840.4—1997《电气火灾原因技术鉴定方法》第四部分:金相法。

⑤GB50057—2010《建筑物防雷设计规范》。

⑥GB18802.1—2002《低压配电系统的电涌保护器(SPD)》第一部分:性能要求和试验方法。

⑦GB/T 13870.1—92《电流通过人体的效应》第一部分:常用部分。

⑧GB/T 19663—2005《信息系统雷电防护术语》。

⑨GB/T17949—2000《接地系统的土壤电阻率、接地阻抗和地面电位测量导则》第一部分:常规测量。

15.3　规范雷电灾害调查鉴定管理

2000 年 1 月 1 日颁布实施的《中华人民共和国气象法》明确规定:各级气象主管机构应当加强对雷电灾害防御工作的组织管理。《防雷减灾管理办法》也作了明确规定:各级气象主管机构负责组织雷电灾害调查、统计和鉴定工作。因此,依法管理雷电灾害鉴定工作成为气象部门不可推卸的重要职责。雷击事故鉴定就是鉴定主体运用雷电及相关知识和科学的技术手段,依据合法的程序,对雷击事故进行调查与判定的过程。现从雷击事故的调查鉴定主体建设、事故鉴定程序、调查项目、事故分析与判定等方面,对雷击事故调查鉴定管理进行阐述。

15.3.1　强化雷击事故鉴定主体资格制度建设

鉴定主体是雷击事故科学、规范、准确、公正地调查鉴定的基础。为使雷击事故鉴定主体合法化、鉴定程序规范化、鉴定结果准确化,须通过一定的方式选拔具有鉴定能力的防雷工作者,并委任其鉴定资格,负责一定区域内的防雷事故鉴定工作。

(1)鉴定主体的选取

鉴定主体的选拔须符合一定的条件,只有达到相关条件的防雷工作者,方可胜任雷电事故鉴定主体,为此,须选取优秀防雷技术人员,并加以培训,使其达到调查鉴定主体条件要求。

①鉴定主体应具备的条件

雷击事故鉴定主体应具备的条件:第一,鉴定主体必须熟练掌握防雷专业技术知识。作为雷电灾害鉴定主体必须熟练掌握雷电的基本原理、雷电的放电机制、雷电(线闪、球闪)的破坏作用与防雷原理、各类防雷设施的设计规范(如 GB50057—2010、GB50156—2002 等)、常见受害物的耐冲击能力、雷电危害人体的形式、雷电危害人体机理与医学临床表现等相关知识。第二,鉴定主体应具有丰富的实践经验。作为鉴定主体必须有较长时间的防雷工作经历,具有丰富的防雷实践经验,具有独立、正确地处理雷电危害事故的能力。第三,鉴定主体须了解并熟悉相关的法律知识。鉴定主体除充分了解气象法律法规外,还必须了解相关的法律知识,如《诉讼法》、《行政许可法》等有关法律法规。第四,鉴定主体必须具有较强的事业心与良好的职业道德。雷电灾害鉴定多影响利害关系的受害方、责任方的利益,有时会直接影响到政府的利益与形象,在错综复杂的关系中,鉴定主体必须能够保持清醒的头脑,排除一切干扰因素,保持较强的责任心和原则性,坚持以事实为依据,以规范、理论为准绳,客观公正、不徇私情、不谋私利。

②鉴定主体的选拔培养

从在职防雷技术人员中选取具有一定原则性且责任心较强的同志,利用各种形式进行业务理论技术培训,在理论技术上使其达到一个雷电灾害鉴定主体的基本条件。

(2)鉴定主体的聘任

各级气象主管机构通过理论考试、业绩考评的方式,选拔符合雷击事故鉴定主体资格条件的,聘任为雷击事故鉴定主体,明确其鉴定对象、活动范围与方式、权利、义务与责任。以示鉴定主体的合法性、严肃性,明确其应负的法律责任。

15.3.2 规范雷击事故调查机制

事故调查是鉴定主体依据合法的程序,对事故现场相关项目勘查了解的过程。规范的雷击事故调查,首先是制定科学严谨的调查项目,其次是雷击事故调查过程符合法定程序。

(1)制定科学严谨的调查项目

调查项目是鉴定主体判定分析的依据,调查人员必须用严谨的态度科学地、公正地对待雷击事故调查。雷击事故的调查项目应全面、真实,从报案、接案、调查、分析、结论、结案六个方面着手,详细制定各个阶段的项目内容。事件记录时要保证确切的时间、地点、人物、事件、经过、结果;询问调查记录时应详细记录被调查人的姓名、年龄、单位、出生年月、身份证号码、地址、联系方式等,询问记录更改部分应有被询问人的签名,每页记录皆有被询问人的"属实标记"与签名;现场勘查时应有照片与现场勘查绘图;调查所用仪器必须为质检仪器,仪器使用人员必须具有相关使用资格,检测数据应有检测人、复核人签字;查询数据时应有抄录人、校对人签字,同时应有提供数据单位的公章;数据分析要有理有据,结论必须有理论依据支持。雷击事故的调查错综复杂,调查鉴定人员应利用所学知识,根据受灾现场的实际情况,通过对受害物体及周围环境物体进行详细勘察、数据查询、证人询问、科学分析,方可客观、真实地鉴定结果。

(2)制定合法的雷击事故调查程序

合法的调查鉴定程序是正确鉴定结果的重要保障。要做到雷击事故调查符合法定程序,其调查鉴定过程应符合以下三个方面的要求:

根据《关于加强决策气象服务工作的通知》(气业函〔2004〕51 号)、《关于转发气象灾情收集上报调查和评估试行规定的通知》(鲁气办发〔2005〕64 号)、《关于转发推广应用〈全国气象灾情直报系统〉的通知》(气业函〔2006〕32 号)等有关规定,调查后的灾情上报时效为 12～24小时内。因此在本行政区域内发生的重大雷击事故,接到报案后应及时立案、上报、组织鉴定人员到现场调查、取证 24 小时内完成现场调查、取证、上报工作。参考中华人民共和国公安部令第 37 号《火灾事故调查规定》，雷击事故调查鉴定的认定时间可定为：自立案之日起三十日内做出雷击事故认定；情况复杂、疑难的，经上一级气象管理机构批准，可以延长三十日。雷击事故调查中需要进行检验、鉴定的，检验、鉴定时间不计入调查期限。

卷宗建立要规范。建立规范的雷击事故鉴定卷宗必须做到：数据齐全、书写清晰、叙述简洁、格式规范、编制科学。卷宗内容包括立案、主要领导人审批、填写委托鉴定证明、现场取证资料、询问调查、分析报告、结果判定等，卷宗编制时优先选用原始数据。

现场勘查、资料调查、证人询问要合法。现场勘查是事故现场真实的反映，也是雷电危害的判断根本依据，在现场勘查中要确保真实性，不得漏勘、不得伪造；雷击事故的调查应手段合法，调查内容客观实际、实事求是；证人询问不得按利害人的意愿取证，询问调查采用一问一答式，不得采用诱导的方式询问。根据有关法律法规规定，参与雷击事故现场调查的鉴定人员不得少于两人（询问记录人可以是无资格证人员），记录经证人阅读属实后签字。现场勘查取证记录应确保利害关系双方皆签字，调查人、记录人皆当场签字备案。

附录 1　分流系数的计算

　　单根引下线时,分流系数 k_c 应为 1;两根引下线及接闪器不成闭合环的多根引下线时分流系数 k_c 可为 0.66,也可按附图 1.3 计算确定;附图 1.1(c)适用于引下线根数 n 不少于 3 根,当接闪器成闭合环或网状的多根引下线时,分流系数 k_c 可为 0.44。

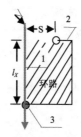
（a）单根引下线，$k_c=1$

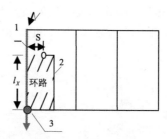
（b）两根引下线及接闪器不成闭合环的多根引下线，$k_c=0.66$

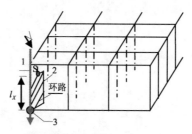
（c）接闪器成闭合环或网状的多根引下线

附图 1.1　分流系数示意图

（1. S 为空气中间隔距离;l_x 为引下线从计算点到等电位连接点的长度;2. 本图适用于环形接地体。也适用于各引下线设独自的接地体且各独自接地体的冲击接地电阻与邻近的差别不大于 2 倍;若差别大于 2 倍时,$k_c=1$;3. 本图适用于单层和多层建筑物）

　　当采用网格型接闪器、引下线用多根环形导体互相连接、接地体采用环形接地体,或者利用建筑物钢筋或钢构架作为防雷装置时,分流系数 k_c 应按附图 1.2 确定。

　　在接地装置相同(即采用环形接地体)的情况下,即采用环形接地体或各引下线设独自接地体且其冲击接地电阻相近,按附图 1.1 和附图 1.2 确定的分流系数 k_c 值不同时,取较小者。

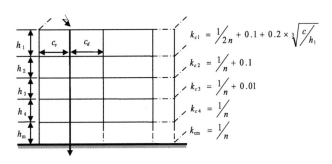

附图 1.2　分流系数 k_c

（1. $h_1 \sim h_m$ 为连接引下线各环形导体或各层地面金属体之间的距离，c_s、c_d 为某引下线顶雷击点至两侧最近引下线之间的距离，计算式中的 c 取二者较小者，n 为建筑物周边和内部引下线的根数且不少于 4 根，c 和 h_1 取值范围在 3～20 m；2. 本图适用于单层至高层建筑物）

　　单根导体接闪器按两根引下线确定时，当各引下线设独自的接地体且各独自接地体的冲击接地电阻与邻近的差别不大于 2 倍时，可按附图 1.3 计算分流系数；当差别大于 2 倍时，分流系数为 1。

$$k_c = (h + c)/(2h + c)$$

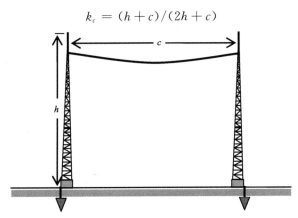

附图 1.3　分流系数 k_c

附录2 雷电流基本参量

闪电中可能出现的三种雷击见附图 2.1,其参量应按附表 2.1、附表 2.2、附表 2.3、附表 2.4 的规定取值。雷击参数的定义应符合附图 2.2 的规定。

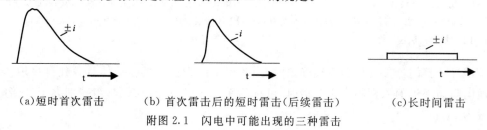

(a)短时首次雷击　　(b)首次雷击后的短时雷击(后续雷击)　　(c)长时间雷击

附图 2.1　闪电中可能出现的三种雷击

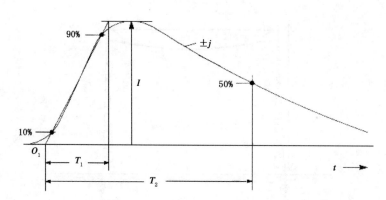

I:峰值电流(幅值);T_1:波头时间;T_2:半值时间

(a)短时雷击(典型值 $T_2 < 2$ ms)

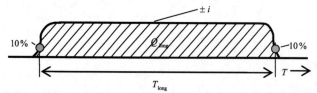

T_{long}:从波头起自峰值10%至波尾降至峰值10%之间的时间;Q_{long}:长时间雷击的电荷量

(b)长时间雷击(典型值 2 ms $< T_{long} < 1$ s)

附图 2.2　雷击参数定义

(1.短时雷击电流波头的平均陡度是在时间间隔($T_2 - T_1$)内电流的平均变化率,用该时间间隔的起点电流与末尾电流之差($i_{(T2)} - i_{(T1)}$)除以($T_2 - T_1$)求得,如(a);2.短时雷击电流的波头时间 T_1 是一规定参数,定义为电流达到 10% 和 90% 幅值电流时之间的时间间隔乘以 1.25,如(a);3.短时雷击电流的规定原点 O_1 是连接雷击电流波头 10% 和 90% 参考点的延长直线与时间横坐标相交的点,它位于电流到达 10% 幅值电流时之前 0.1T_1 处,如(a);4.短时雷击电流的半值时间 T_2 是一规定参数,定义为实际原点 O_1 与电流降至幅值一半时之间的时间间隔,如(a))

附表 2.1　首次正极性雷击的雷电流参量

雷电流参数	防雷建筑物类别		
	一类	二类	三类
幅值 I(kA)	200	150	100
波头时间 T_1(μs)	10	10	10
半值时间 T_2(μs)	350	350	350
电荷量 Q_s(C)	100	75	50
单位能量 W/R(MJ/Ω)	10	5.6	2.5

附表 2.2　首次负极性雷击的雷电流参量

雷电流参数	防雷建筑物类别		
	一类	二类	三类
幅值 I(kA)	100	75	50
波头时间 T_1(μs)	1	1	1
半值时间 T_2(μs)	200	200	200
平均陡度 I/T_1(kA/μs)	100	75	50

注:本波形仅供计算用,不供试验用。

附表 2.3　首次负极性以后雷击的雷电流参量

雷电流参数	防雷建筑物类别		
	一类	二类	三类
幅值 I(kA)	50	37.5	25
波头时间 T_1(μs)	0.25	0.25	0.25
半值时间 T_2(μs)	100	100	100
平均陡度 I/T_1(kA/μs)	200	150	100

附表 2.4　长时间雷击的雷电流参量

雷电流参数	防雷建筑物类别		
	一类	二类	三类
电荷量 Q_l(C)	200	150	100
时间 T(s)	0.5	0.5	0.5

注:平均电流 $I \approx Q_l/T$。

附录3　雷电灾害调查资料

附表 3.1　雷电灾情调查鉴定委托受理登记表

申请人基本情况	姓　　名		性　　别		报案时间	
	工作单位			身 份 证		
	案件地点			联系电话		
受灾单位基本情况	受灾单位			联 系 人		
	单位地址			联系电话		
灾情记录	受灾单位			发生地点		
	发生时间			联系电话		
	受灾基本情况					
证人基本情况	姓　　名			联系方式		
	身份证			地　　址		
	灾　　情					
	姓　　名			联系方式		
	身份证			地　　址		
	灾　　情					
气象主管机构负责人批示						年　　月　　日
接案人			接案时间			

附表 3.2　雷电灾情调查鉴定委托书

申请单位			申请时间		
案　　情					
调查鉴定目的					
受委托人基本情况	姓　　名		职务/职称		
	联系电话		身 份 证		
	姓　　名		职务/职称		
	联系电话		身 份 证		
	姓　　名		职务/职称		
	联系电话		身 份 证		
鉴定单位负责人审批意见					年　　月　　日

附表 3.3　雷电灾情调查鉴定气象、环境、历史资料调查表

	台站名称				观测员	
气象资料	雷电起止时间、方向	初始			方向	
		终止			方向	
	距离雷灾地间距				方向	
	气象观测记录					观测员：
	闪电定位情况					观测员：
	天气雷达回波数据卫星云图					值班员：
周边环境状况资料	地表状况					
	地质状况					
	架空导线、金属构件的设置情况					
	受灾点半径 1 km范围地表状况图					
历史资料	历史雷击情况					
	建（构）筑物变化情况					
调查人				复核人		

附表 3.4　雷电灾情调查鉴定建（构）筑物外部防雷设施调查表

	形状		材料		高度			类别		
接闪器	接闪带网格尺寸				拐角雷电防护措施					
	天面等电位连接情况									
	异常情况检查									
引下线	形式		材料		规格			间距		
	断接卡连接情况									
	异常情况检查									
引下线测点处接地电阻（Ω）	编号	1	2	3	4	5	6	7	8	9	10
	$R\sim$										
	R_i										
	编号	11	12	13	14	15	16	17	18	19	20
	$R\sim$										
	R_i										
	断接卡编号示意图										
备注										
调查人					复核人					

续表

				序	1	2	3	4	5	6
接地装置	土壤电阻率	土壤性质		实测值						
		季节系数		修正值						
	(特种设施)独立接地装置	用　途					形　状			
		接地线规格与材料					$R_\sim$			
		与防雷装置的间距	空气中			材料规格				
			土壤中			总表面积				
	各种金属构件的接地装置	架空线路前三杆接地材料与规格						$R_\sim$		
		金属管道的接口接地材料与规格						$R_\sim$		
		燃气管道的接口接地材料与规格						$R_\sim$		
		其他金属构件的接地材料与规格						$R_\sim$		
	相邻接地装置的等电位连接材料与规格							$R_\sim$		
	N 及 PE 接地情况				材料/规格			$R_\sim$		
	防雷接地装置	型号			方式			埋地深度		
		水平接地体的材料/规格						长度		
		垂直接地体的材料/规格						长度		
		垂直接地体间距						$R_\sim$		
	总体评价									
均压环设置情况	材料			规格			首环高度			
	环间距			门窗等金属构件连接情况						
	总体评价									
调查人					复核人					

注：R_i 为工频接地电阻(Ω)；$R_\sim$ 为冲击接地电阻(Ω)。

附表 3.5　雷电灾情调查鉴定建(构)筑物内部防雷设施调查表

	位置		灾情状况		
受灾设备资料	连接导线与金属构件				
	耐冲击电压			$R_\sim$	
	附近线路、金属构件剩磁情况				
	与连接导线及周边金属构件关系图				

续表

灾情空间电路防雷基本情况	电源线路SPD基本参数	LPZ0_B~LPZ1 区间屏蔽及接地情况								
		参数	I_{imp}	I_n	U_c	U_p	U_{rv}	联机长度	PE 规格	$R_\sim$
		一级								
		二级								
		三级								
	网络SPD参数	LPZ0_B~LPZ1 区间屏蔽及接地情况								
		插入损耗	驻波比	I_n	U_c	U_p		PE 规格	长度	$R_\sim$
	微波SPD参数	LPZ0_B 区屏蔽及接地情况（2）级								
		LPZ0_B~LPZ1 区间屏蔽及接地情况								
		插入损耗	驻波比	I_n	U_c	U_p		PE 规格	长度	$R_\sim$

灾情空间其他金属构件	金属水管敷设与接地	
	金属构件一接地情况	
	金属构件二接地情况	
	金属构件三接地情况	
	总评	

调查人		复核人	

附表 3.6 雷电灾情调查鉴定人体危害现场调查表

受灾人基本情况	单 位		地 址	
	灾情地点		灾情时间	
	姓 名		性别	身 份 证	

灾情现场位于室外	地质状况		周边建(构)筑物	
	地表环境		人体与防雷设施的关系	

灾情现场位于室内	人体与柱筋等金属构件的关系	
	金属门窗等金属构件等电位连接情况	
	人体与电气设备的关系	

灾情司法鉴定	

灾情现场半径 1 km 范围地表状况图	

	姓　　名		性别		身份证	
人证调查资料	健康状况		职业			学历
	目击灾情记　　录					
	姓　　名		性别		身份证	
	健康状况		职业			学历
	目击灾情记　　录					
调查人			复核人			

附表 3.7　雷电灾情调查鉴定检测仪器调查表

序	仪器名称	型号	仪器号	有效期	备注
1					
2					
n					

附表 3.8　雷电灾情调查鉴定分析报告

案件名称							
调查鉴定单位							
调查组成员	负责人		职称		资格证号		
	组员		职称		资格证号		
	组员		职称		资格证号		
调查鉴定结论						年　月　日	
	调查人		复核人		负责人		
鉴定单位意见					鉴定单位(章) 年　月　日		

附录 4　建筑物年预计雷击次数

建筑物年预计雷击次数应按下式计算：

$$N = k \times N_g \times A_e \tag{F4.1}$$

式中：N 为建筑物年预计雷击次数（次/a）；

k 为校正系数，在一般情况下取 1；位于河边、湖边、山坡下或山地中土壤电阻率较小处、地下水露头处、土山顶部、山谷风口等处的建筑物，以及特别潮湿的建筑物取 1.5；金属屋面没有接地的砖木结构建筑物取 1.7；位于山顶上和旷野的孤立建筑物取 2；

N_g 为建筑物所处地区雷击大地的年平均密度（次/（km^2 · a））；

A_e 为与建筑物截收相同雷击次数的等效面积（km^2）。

雷击大地的年平均密度，首先应按当地气象台、站资料确定，若无此数据可按下式计算：

$$N_g = 0.1 \times T_d \tag{F4.2}$$

式中：T_d 为年平均雷暴日，根据当地气象台、站资料确定（d/a）。

建筑物等效面积 A_e 应为其实际平面积向外扩大后的面积。其计算方法应符合下列规定：

①当建筑物的高度 H 小于 100 m 时，其每边的扩大宽度和等效面积应按下列公式计算（如附图 4.1）：

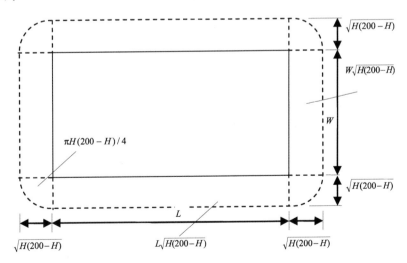

附图 4.1　建筑物的等效面积

（建筑物平面积扩大后的面积 A_e 如图中所示周边虚线所包围的面积）

$$D = \sqrt{H(200 - H)} \tag{F4.3}$$

$$A_e = \left[LW + 2(L + W)\sqrt{H(200 - H)} + \pi H(200 - H) \right] \times 10^{-6} \tag{F4.4}$$

式中:D 为建筑物每边的扩大宽度(m);

L、W、H 为分别为建筑物的长、宽、高(m)。

②当建筑物的高度 H 小于 100 m,同时其周边在 $2D$ 范围内有等高或比它低的其他建筑物,这些建筑物不在所考虑建筑物以 $h_r = 100$(m)的保护范围内时,按式(F4.4)算出的 A_e 可减去 $(D/2)\times$(这些建筑物与所考虑建筑物边长平行以米计的长度总和)$\times 10^{-6}$(km^2)。

当四周在 $2D$ 范围内都有等高或比它低的其他建筑物时,其等效面积可按下式计算:

$$A_e = \left[LW + 2(L+W)\sqrt{H(200-H)} + \frac{\pi H(200-H)}{4} \right] \times 10^{-6} \qquad (F4.5)$$

③当建筑物的高度 H 小于 100 m,同时其周边在 $2D$ 范围内有比它高其他建筑物时,按(F4.4)式算出的 A_e 可减去 $D\times$(这些建筑物与所考虑建筑物边长平行以米计的长度总和)$\times 10^{-6}$(km^2)。

当四周在 $2D$ 范围内都有比它高的其他建筑物时,其等效面积可按下式计算:

$$A_e = LW \times 10^{-6} \qquad (F4.6)$$

④当建筑物的高度 H 等于或大于 100 m 时,其每边的扩大宽度应按等于建筑物的高度 H 计算;建筑物的等效面积应按下式计算:

$$A_e = \left[LW + 2H(L+W) + \pi H^2 \right] \times 10^{-6} \qquad (F4.7)$$

⑤当建筑物的高度 H 等于或大于 100 m,同时其周边在 $2H$ 范围内有等高或比它低的其他建筑物,且不在所确定建筑物以滚球半径等于建筑物高度(m)的保护范围内时,按(F4.7)式算出的等效面积 A_e 可减去 $(H/2)\times$(这些建筑物与所考虑建筑物边长平行以米计的长度总和)$\times 10^{-6}$(km^2)。

当四周在 $2H$ 范围内都有等高或比它低的其他建筑物时,其等效面积可按下式计算:

$$A_e = \left[LW + H(L+W) + \frac{\pi H^2}{4} \right] \times 10^{-6} \qquad (F4.8)$$

⑥当建筑物的高度 H 等于或大于 100 m,同时其周边在 $2H$ 范围内有比它高的其他建筑物时,按(F4.7)式算出的等效面积 A_e 可减去 $H\times$(这些建筑物与所考虑建筑物边长平行以米计的长度总和)$\times 10^{-6}$(km^2)。

当四周在 $2H$ 范围内都有比它高的其他建筑物时,其等效面积可按(F4.6)计算。

⑦当建筑物各部位的高不同时,应沿建筑物周边逐点算出最大扩大宽度,其等效面积 A_e 应按每点最大扩大宽度外端的连接线所包围的面积计算。

附录 5　GB16840.1—1997《电气火灾原因技术鉴定方法》第 2 部分:剩磁法

F5.1　范围

本标准规定了定义、原理、设备与器材、方法步骤、判定和送检及鉴定时应履行的书面程序。本标准适用于在调查电气火灾原因时,在火灾现场起火电点无法寻找到短路熔痕及雷电熔痕的条件下,根据剩磁资料判定短路及雷电的产生,进一步分析与火灾起因的关系。

F5.2　定义

本标准采用下列定义:

(1)剩磁数据(Data of Residual Magnetism)

铁磁体被导线短路电流及雷电流形成的磁场磁化后仍保留的磁性值,单位为毫特斯拉(mT)。

(2)雷电熔痕(Melted Mark Induced by Lightning)

金属受雷电高温作用在表面上形成的熔化痕迹。

(3)火烧导线短路剩磁(Residual Magnetism in Conducting Wire Short Circuit Caused by Fireburning)

铜铝导线带电,在火焰及高温作用下发生短路形成磁场,铁磁体被磁化后保持的磁性。

F5.3　原理

由于电流的磁效应,在电流周围空间产生磁场,处于磁场中的铁磁体受到磁化作用,当磁场逸去后铁磁体仍保持一定磁性。处于磁场中的铁磁体被磁化保持磁性的大小与电流和磁场的强弱有关。通常导线中的电流在正常状态下,虽然也会产生磁场,但其强度小,留在铁磁体上的剩磁也有限。当线路发生短路或有雷电经过时,将会产生异常大电流,从而出现具有相当强度的磁场,铁磁体也随之受到强磁化作用,保持较大的磁性。在火灾现场中当怀疑火是由于导线短路或雷电引起而又无熔痕可作依据时,则采用对导线及雷电周围铁磁体剩磁检测,依据剩磁的有无和剩磁的大小判定在火场中是否出现过短路及雷电现象,进一步分析与火灾起因的关系。

F5.4　设备与器材

（1）特斯拉计

实验室用或现场携带用，量程为 0～100 mT，精度为 ±2.5％，使用温度为 5～40℃。

（2）器材

取样工具，装试样纸袋、毛刷，酒精、丙酮等溶剂。

F5.5　方法步骤

（1）试样种类

——铁钉、铁丝；

——穿线铁套管；

——白炽灯、日光灯灯具上的铁磁材料；

——配电盘上的铁磁材料；

——人字房架（有线路）上的钢筋、铁钉；

——设备器件及其他杂散金属，但以体积小的为宜。

（2）试样提取

①部位

作为检测用的试样，应取自现场中经确认无误的起火点或起火部位导线的周围。试样与导线的距离以不超过 20 mm 为宜，但对有雷电可能的现场，可以据情提取，不受部位限制。

②拍照

在提取样品之前应进行现场拍照，拍照分为试样方位和试样近拍两项。

③提取

——对固定在墙壁或其他物体上的试样，提取时不应弯折、敲打、摔落；

——宜提取受火烧温度较低的试样；

——对位于磁性材料附近的试样不应提取；

——经证实该线路过去曾发生过短路时，不应提取；

——如因不便提取时可以在试样的原位置进行检测。

（3）保管

对提取的试样，宜装入采样袋内妥善保管，并注明试样名称与提取位置，不应与磁性材料或其他对象混放在一起。

（4）测量

①清除污垢

测量前采用水及溶剂清除试样表面的炭灰、污垢。

②测量准备

按仪表使用说明，将仪表电源接通，经校准、预热做好准备。

③操作

——视试样不同选择测量点，如铁钉、铁管、钢筋的两端，铁板的角部、杂散铁件的棱角及

尖端部位;

——将探头(霍尔组件)平贴在试样上,缓慢地改变探头的位置和角度进行搜索式测量,直到仪表显示稳定的最大值为止;

——探头与试样接触即可,不应用力按压;

——测量后按试样分别做好记录。

F5.6 判定

(1)数据判定

①铁钉、铁丝

在短路状态下,由于短路电流的大小及距短路点的远近不同,剩磁一般为 0.2~1.5 mT,大者在 2 mT 以上。因剩磁数据的低限与正常电流的剩磁数据有重叠,故 0.5 mT 以下不做判据使用,0.5~1.0 mT 以下可作为判定短路的参考值,1.0 mT 以上作为确定短路的剩磁数据。剩磁资料越大,定性越准确,但也不能只依据个别资料判定,只有在较多资料的事实下,才可做出判定。

②铁管、钢筋

剩磁低于 1.0 mT 以下不做判据使用,1.0~1.5 mT 作为参考值,1.5 mT 以上作为判定短路的数据。

③杂散铁件

导线附近的铁棒、角铁、金属框架、工具等一般体积较大,被磁化不明显,应以 1.0 mT 以上作为判据使用。

④雷电剩磁

当接闪线流过 20 kA 电流时,接闪线的预埋支架、U 形卡子剩磁数据为 2.0~3.0 mT。雷电流垂直通过 1 m×2 m 铁板,铁板四角剩磁为 2.0~3.0 mT。接闪杆尖端剩磁并不大,为 0.6~1.0 mT。处于雷电通道的杂散铁件、钉类、钢筋、金属管道的剩磁数据均在 1.5~10 mT 之间。上述数据系实验和在雷电现场检测所得,可作为判定时参照使用。

(2)比较判定

在现场经过比较做出判定,如同样两个设施上均有线路通过,但一方有剩磁另一方无剩磁,证明有剩磁一方的导线曾发生过短路。

(3)磁化规律判定

铁磁体磁性的强弱与其距导线(短路)的距离有关,距导线越近其磁性越强,测量时如能找到由强到弱的规律,再结合所测的资料,则可进一步判定导线是否曾发生过短路。

(4)火烧导线短路剩磁判定

火烧导线发生短路,同样也会产生磁场并使铁磁体保持磁性。判定是火前短路形成还是火烧短路形成,应查清火源情况,根据现场实际做出判定。

F5.7 送检及鉴定时应履行的书面程序

(1)送检单位在送检时,应先填写电气火灾原因技术鉴定申请单,其内容包括申请鉴定单位名称、地址、联系人;失火单位名称、样品名称、数量,取样地点、取样人、鉴定目的。

(2)鉴定单位在接受鉴定任务后应填写收样单、任务单、接待记录、原始记录。

(3)鉴定结束后,将鉴定结论填写在鉴定报告审批表中,经试验室负责人签字,质量审查无误后报领导审批。

(4)将审批后的鉴定报告原件交送检单位,复印件留文件存查。

附录6 GB16840.1—1997《电气火灾原因技术鉴定方法》第4部分:金相法

F6.1 范围

本标准规定了定义、原理、设备器材、方法步骤、判定和送检及鉴定时应履行的书面程序。本标准适用于在调查电气火灾原因时,从铜、铝导线上的火烧熔珠和短路熔珠的不同金相组织的变化特征,鉴别其熔化原因与火灾起因的关系,即是火烧熔珠还是短路熔珠,是一次短路熔珠还是二次短路熔珠。

F6.2 定义

本标准采用下列定义:

(1)熔痕(Melted Mark)

铜铝导线在外界火焰或短路电弧高温作用下形成的圆状、凹坑状、瘤状、尖状及其他不规则的微熔及全熔痕迹。

(2)熔珠(Melted Bead)

铜铝导线在外界火焰或短路电弧高温作用下,在导线的端部、中部或落地后形成的圆珠状熔化痕迹。

(3)一次短路熔痕(Primary Short Circuited Melted Mark)

铜铝导线因自身故障于火灾发生之前形成的短路熔化痕迹。

(4)二次短路熔痕(Secondary Short Circuited Melted Mark)

铜铝导线带电,在外界火焰或高温作用下,导致绝缘层失效发生短路后残留的痕迹。

(5)晶粒(Crystal Particle)

构成多晶体的各个单晶体称为晶粒。是由很多晶胞所组成的,往往呈颗粒状,无规则的外形。

(6)晶界(Crystal Boundary)

两个位向不同的晶粒相接触的区域,即晶粒与晶粒之间的接口。

(7)共晶体(Cocrystallization)

由共晶成分的液体合金凝固时生成两种不同成分的固熔体,这种共晶反应所得到的两相混合组织叫共晶体。

(8)再结晶(Rrecrystal)

冷变形金属加热时产生的以新的等轴晶粒代替原来变形晶粒的过程叫再结晶。

（9）等轴晶（Isometric Crystal）

在通常的凝固条件下，金属或合金的固溶体结晶成颗粒状，内部有各向等长相近的枝晶组织形成。枝晶的各个分枝，在各个方向均匀生长的大小不同的晶粒叫等轴晶。

（10）树枝晶（Branch Crystal）

先后长成的晶轴，彼此交错似树枝状，称为树枝状晶体。

（11）铸态组织（Casting-state Structure）

将液态金属注入铸模中，使之凝固，凝固后所得到的组织称铸态组织。

（12）胞状晶（Afterbirth-like Crystal）

固溶体在结晶时，晶体在接口上的以凸起条状自由生长在过冷区时，所形成的不规则形状、条状、规则的六角形。

（13）柱状晶（Cylindrical Crystal）

在通常的凝固条件下，金属或合金的固溶体在结晶时，由晶内生长成的枝晶，沿着分枝（主干）在某一特殊界面延伸生长，最后形成的晶粒呈长条形状。

（14）偏光（Polarized Light）

显微镜中的光源，采用正交偏振光照明。

（15）熔化过渡区（Fusion Transition）

由熔痕向导线延伸的一定距离内存在的熔化现象，是火烧熔痕与二次短路熔痕所具有的特征。

F6.3　原理

铜铝导线无论是火灾作用熔化还是短路电弧高温熔化，除全部烧失外，一般均能查找到残留熔痕（尤其是铜导线），其熔痕外观仍具有能代表当时环境气氛的特征。

一次短路熔痕和二次短路熔痕同属于瞬间电弧高温熔化，具有冷却速度快，熔化范围小的特点，但不同的是前者短路发生在正常环境气氛中，后者短路发生在烟火与温度的气氛中，而被通常火灾热作用熔化的痕迹，其时间、温度又均与短路不同，它具有温度持续时间长，火烧范围大，熔化温度低于短路电弧温度。虽然都属于熔化，但由于不同的环境气氛参与了熔痕形成的全过程，所以保留了熔痕形成时的各自特征，其呈现的金相组织亦有各不相同的特点。

F6.4　设备与器材

（1）金相显微镜

放大倍数 50～2000 倍，带有摄像装置（手动、自动、彩照、偏光等）。具体部件、设备及操作等应按仪器说明书上的规定进行。观察试样时，根据所需的放大倍数去选择。

（2）体视显微镜

放大倍数 10～160 倍，工作距离 97～30 mm，视场范围最大 φ 为 20 mm，带有型照相机及曝光表。

（3）附属设备

金相试样预磨机、抛光机、金相镶嵌机、暗室放大机、曝光定时器、曝光箱、显影定影灯具、玻璃皿、镊子、模具、电吹风等。

F6.5　方法步骤

金相试样的制备包括选取—镶嵌—磨制—抛光—浸蚀等几个步骤，忽视任何一道工序都会影响组织分析和检验结果的正确程度，甚至造成误判。

（1）试样制备

制备好的试样应具备：组织有代表性、无假象、组织真实、无磨痕、麻点或水迹等。

（2）试样选取

提取试样时，必须选择有代表性的部位，应根据火灾现场的实际，确保提取有熔痕、蚀坑等可供鉴定的部位和痕迹。

（3）取样部位

可在导线有熔化痕迹和有蚀坑痕迹处取样及在其附近的正常部位取样进行横、纵截面检验比较：横向截面是观察熔痕的显微组织晶粒度情况，纵向截面是观察熔痕与导线间过渡区的显微组织变化情况。

（4）试样尺寸

试样尺寸，直径为 12 mm，高为 10 mm 的圆柱体或为 12 mm×12 mm×10 mm 的方柱体的不同金属材质。对火灾现场中提取的遗留物其形状特殊或尺寸细小不易握持的试样，可进行镶嵌。

（5）试样提取

对于细小的试样可用钳子切取；较大试样可用手锯或切割机等切取，必要时也可用气割法截取。但烧割边缘必须与试样保持相当距离，不论用哪种方法取样，均应注意试样的温度条件，必要时用水冷却，以避免试样因过热而改变其组织。

（6）清除污垢

若提取的试样表面沾有油渍，可用苯等有机溶剂溶去，生锈的试样可用过硫酸铵 $(NH_4)_2S_2O_8$ 或磷酸洗净。至于其他简便去油除锈的方法亦可应用。

（7）镶嵌

若试样过小或形状特殊时，可采用下列方法之一镶嵌试样。

①塑料或电木粉镶嵌法

可用电木粉、透明电木粉或透明塑料粉在镶嵌机上镶嵌。用电木粉时，加压 $(170\sim250)\times9.8\times10^4$ Pa，同时加热至 130～150℃ 保持约 5～7 min，冷却后即成镶嵌好的试样。用透明电木粉时，加压 $(170\sim250)\times9.8\times10^4$ Pa，同时加热至 149～170℃，保温 5～7 min，随后慢冷至 75℃ 左右，然后水冷却即成透明镶嵌物。用塑料镶嵌时，其温度、压力及保温时间，视采用塑粉的性质而定，保温以不改变试样的原始组织为宜。

②快速镶嵌法

用快速自凝牙托水（甲基丙烯酸甲酯）和自凝牙托粉镶嵌法：首先将直径为 12 mm 的圆柱体紫铜管（或其他材质管材亦可），置于玻璃板上，然后将试样放在模具底部，再将快速自凝牙托水和自凝牙托粉按一定的比例混合调匀，成糊状时，注入模具内；在冬季室温较低时，可用电吹风加热促使其快速凝固，夏季室温较高时，可以自然凝固；待凝固后，将模具除掉，即成镶嵌好的试样。

③其他方法

除以上两种方法外,亦可将试样镶铸于低熔点的物质中。如硫黄、火漆、焊接合金(50％锡,50％铅)或武氏合金(50％铋,25％铅,12.5％锡,12.5％铬)等,有机塑料以及其他有效而不影响组织改变的镶嵌方法也可以应用。

(8)试样的研磨

试样在砂纸上磨制时,用力不宜过大,每次磨制的时间也不可太长,以免变形,用预磨机细磨时,必须边磨边用水冷却,以免磨面过热引起变形。

①研磨程序

准备好的试样,先在预磨机上依次由粗到细的各号砂纸上磨制。从粗砂纸到细砂纸,每换一次砂纸时,试样均须转90°角与旧磨痕成垂直方向,向一个方向磨至旧磨痕完全消失,新磨痕均匀一致时为止。同时每次用水将试样洗净吹干,手亦同时洗净,以免将粗砂粒带到细砂纸上。

②粗抛光

经粗磨后的试样,可移到装有平呢、台呢或细帆布的抛光机上进行粗抛光。磨盘的直径可为200～250 mm,转速可为400～500 r/min,抛光粉可用细氧化铝粉或碳化硅粉等,抛光时间约为2～5 min,抛光后用水洗净并吹干。

③细抛光

经粗抛光后的试样,可移至装有天鹅绒或其他纤维细匀的丝绒抛光盘上进行精抛光。抛光盘直径可为200～250 mm,转速约为400～1450 r/min,抛光粉用经水选的极细氧化铝粉、氧化镁粉或人造金刚石研磨膏等。一般抛光到试样上的磨痕完全除去而表面像镜面时为止。抛光后除用水冲净外,建议浸以酒精,再用电吹风吹干,使试样的表面不致有水迹或污物残留。

④抛光注意

——试样在抛光盘上精抛时,用力要轻,须从盘的边缘至中心抛光,并不时滴加少许磨粉悬浮液(用氧化镁粉时应用蒸馏水悬浮液)或不时滴加少量煤油。绒布的湿度以将试样从盘上取下观察时,表面水膜能在两三秒钟内完全蒸发消失为宜。在抛光的完成阶段可将试样与抛光盘的转动方向成相反方向抛光。

——试样在抛光时,若发现有较粗的磨痕不易去掉或经抛光后的试样在显微镜下观察发现有凹坑等情形而影响检验结果时,试样应重新磨制。

(9)试样的浸蚀

精抛后经显微镜检查合适的试样,便可浸入盛于玻璃皿之浸蚀剂中进行浸蚀或揩擦一定时间。浸蚀时,试样可不时地轻微移动,但抛光面不得与皿的底面接触。

①浸蚀时间

浸蚀时间视金属的性质、浸蚀液的浓度、检验的目的及显微检验的放大倍数而定。通常高倍观察时,应比低倍观察浸蚀略浅一些。一般由数秒至三十分钟不等,以能在显微镜下清晰显出金属组织为宜。

②浸蚀

——浸蚀完毕后即刻取出,并迅速用水洗净,表面再用酒精洗净,然后吹干。

——若浸蚀程度不足时,视具体情形可继续进行浸蚀,或在抛光盘上重抛后再行浸蚀。若浸蚀过度时,则须在磨盘或砂纸上重新磨好后再行浸蚀。

——经过浸蚀后试样表面有金属扰乱现象,原组织不能显出时,可在抛光盘上轻抛后再行浸蚀。一般如此重复数次,扰乱现象即可除去。扰乱现象过于严重,用此法不能全部消除时,则试样须重新磨制。

(10)浸蚀剂

铜导线和铝导线及钢铁金属常用的化学浸蚀剂建议采用下列几种:

金相浸蚀的配比见附表 6.1。

附表 6.1

品　名	浸蚀剂配比	浸蚀时间
铜导线	$FeCl_3$(5 g)、HCl 溶液(50 mL)、H_2O 或酒精(100 mL)	6～8 s
铝导线	NaOH(1～2 g)、H_2O(100 mL)	数秒
钢铁类	HNO_3 溶液(2～4 mL)、酒精(98～96 mL)	数秒

(11)显微组织检验

金相检验可用各种类型金相显微镜。显微镜应安装于干燥无尘室中,并安置于稳定的桌面或基座上,最好附有减振装置。

①试样检验

试样检验包括浸蚀前的检验及浸蚀后的检验。浸蚀前主要检验试样的光洁度和磨痕,浸蚀后主要检验试样的显微组织。

②试样观察

在显微镜下观察试样时,一般先用 50～100 倍,当观察细微组织情形时,再换用高倍率。

③观察试样注意

——取用镜头时,应避免手指接触透镜的表面。

——取用镜头时应特别小心,用毕即放入盒内原处。

——物镜与试样表面接近时,应以细调节器调节。调节时应注意物镜头部不与试样接触。

——镜头表面有污垢时,应先用细软毛笔或无脂的羽毛拂拭,然后用擦镜纸或软麂皮擦净,必要时可用二甲苯洗擦。

——镜头应贮存于干燥洁净的处所,显微镜不使用时需用防尘罩盖起。

(12)显微照相

准备作显微照相的试样,应精细磨制,保持清洁。试样的浸蚀程度视照相放大倍数而定。

①放大倍数

照相放大倍数一般为 50～1500 倍。镜头的选择,视所需放大倍数而定(依照显微镜说明书适当选配)。在低倍放大率(100 倍)情况下,显微镜上使用三棱反射光线以增加亮度及衬度,高倍率时,用平玻璃反射镜以增加分辨率。

②光源

照相使用的光源需调整适宜。所发出的光线需稳定和有足够的强度。照相时应调节光源与聚光的位置,使光束恰好能射入垂直照射器进口的中心,使所得到的影像亮度强弱均匀一致。

③滤光镜

滤光镜应依照物镜的种类而定。若为消色差镜头时,用黄绿色滤光片;若为全消色差镜头时,则用黄、绿、蓝色滤光片均可。

④试样放置

试样应平稳地放在显微镜载物台上,使其平面与显微镜光轴垂直。试样放置后,移动载物台,选择样品上合适的组织部位。并调整显微镜焦距,使影像清晰。

⑤光圈调节

显微镜的孔径光阑(即光圈)须调节至适当大小,使显微镜所见到的像最清晰;显微镜的视场光阑(即光圈)须调节至适当大小,使影像的光亮范围能在底片大小范围内,而得到最佳的影像反衬。

⑥曝光时间

底片的曝光时间依试样情况(金属种类及浸蚀与否)、底片性质和光亮强弱等因素而定。必要时可用分段曝光法先行试验,自动曝光则可不考虑。

(13)显影和定影

①显影

依照底片的种类选择适当的显影液。显影的温度及时间,应按照底片说明书的规定进行,一般的显影温度为 20℃左右。

②定影

定影的温度应在 23℃以下。底片在定影液内停留的时间一般为 20~30 min。定影后的底片用流动清水冲洗不少于 30 min,然后在无尘的室内晾干。若室温超过 23℃,为免除底片软化起见,可于显影后定影前经过加硬手续。一般在 2%铬明矾($KCr(SO_4)_2 \cdot 12H_2O$)与 2%酸性亚硫酸钠($NaHSO_3$)水溶液中停留 3~5 min。底片在显影及定影时,有乳胶的面必须向上。底片须完全浸入溶液内,并时常晃动。

(14)晒相

晒相时应依照底片的情况,灯光的强弱选择适当号数的相纸及曝光时间。曝光时间应注意不要太短和太长,应使底片上较暗部分的细致影像线条清晰地显出为度。

晒相后显影和定影要按照相纸的种类而选择显影液,显影时间一般为 1~3 min 左右。显影后相纸可在含有 1.5%醋酸水溶液中微浸之,以中和碱性显影液制止显影的作用,然后将相纸浸入定影液中进行定影;相纸在显影液及定影液内时,乳胶面均须向上,并使其完全浸入溶液内。相纸在新鲜定影液中停留的时间为 15 min 左右,若为旧定影液则可酌量延长时间。定影后的相片应在流动清水中漂洗 12 次,每次约 5 min,然后烘干。

F6.6　判定

①火烧熔痕

火烧熔痕的金相组织呈现粗大的等轴晶,无空洞,个别熔珠磨面有极少缩孔(多股导线熔痕除外)。

②一次短路熔痕与二次短路熔痕区别

——一次短路熔痕的金相组织呈细小的胞状晶或柱状晶;二次短路熔痕的金相组织被很多气孔分割,出现较多粗大的柱状晶或粗大晶界。

——一次短路熔珠金相磨面内部气孔小而较少,并较整齐;二次短路熔珠金相磨面内部气孔多而大,且不规整。

——一次短路熔珠与导线衔接处的过渡区界限明显;二次短路熔珠与导线衔接处的过渡区界限不太明显。

——一次短路熔珠晶界较细,空洞周围的铜和氧化亚铜共晶体较少、不太明显;二次短路熔珠晶界较粗大,空洞周围的铜和氧化亚铜共晶体较多,而且较明显。

——在偏光下观察时,一次短路熔珠空洞周围及洞壁的颜色不明显;二次短路熔珠空洞周围及洞壁呈鲜红色、橘红色。

——在较复杂的情况下判定一次短路熔痕和二次短路熔痕时,须结合宏观法、成分分析法和火灾现场实际情况等综合分析判定。

F6.7 送检及鉴定时应履行的书面程序

(1)送检单位在送检时,应先填写电气火灾原因技术鉴定申请单,其内容包括申请鉴定单位名称、地址、联系人;失火单位名称、样品名称、数量,取样地点、取样人、鉴定目的。

(2)鉴定单位在接受鉴定任务后应填写收样单、任务单、接待记录、原始记录。

(3)鉴定结束后,将鉴定结论填写在鉴定报告审批表中,经试验室负责人签字,质量审查无误后报领导审批。

(4)将审批后的鉴定报告原件交送检单位,复印件留文件存查。

附录7 常见树木主分枝单位体积 含水量测量法

2012年9月,日照市气象局课题组对常见树木主干与分枝的含水量进行了对比观测。并初步确定了杨树主干与分枝含水量的比例关系。

F7.1 树木样品基本要求

(1)样品树木的选取地点。样品树木选择了莒县境内洛河村、果庄村、长岭村、赵家西楼村等4个村庄生长中的树木。

(2)样品树种的选取。选取常见并且栽种量较大的树木作为样品树木,样品树种确定为杨树树种。

(3)采样树龄的选择。对不同树龄树木的含水量对比观测,以确定其含水量与树龄的关系。样品树龄确定为5年树龄、10年树龄两个不同树龄品种。

(4)样品位置的选定。主干样品采集选择中间部位,分枝选择主干顶部第一分枝。

(5)样品长度的确定。树木主干与分枝样品的长度皆确定为20 cm。

(6)样品试验目的。确定树木主干与分枝含水量的关系。

F7.2 取样及标定方法

(1)树木取样及取样位置标定方法。选择生长均匀的5年树龄树木,自树木的地平面,将树锯倒,取树木中间部位样品,长度也为20 cm,并标定"$Y5_{树干}$",然后取该树的首条分枝,距离主干10 cm的位置取20 cm的样品,标定"$Y5_{分枝}$"。10年树龄的标定方法同5年树龄标定方法。

(2)样品点的标定方法。在选择的4个样品村庄,选择同一树种的样品2个。标定如下:洛河村采集样品标定为001,果庄村采集样品标定为002、003,长岭村采集样品标定为004,赵家西楼村采集样品标定为005。

F7.3 样品重量及体积测量方法

(1)样品重量的测量。将所取样品去掉表皮,采用电子称称量其重量,按照附表7.1和附表7.2的要求,登记所测重量。然后将样品位置卷标与样品点卷标贴在相应样品上。

(2)采用保鲜膜将各样品包装完好,选择一较大量杯盛满水,将包装完好的样品放置该盛满水的量杯中,采用另一量杯,承接溢出水,然后测量溢出水的体积,该体积即是样品树木的体积。按要求将体积记录在附表 7.1 和附表 7.2 中。

附表 7.1　5 年树龄各样品体积与重量调查统计表

编号	Y5主干					Y5分枝					K 值
	体积（cm³）	重量（g）		含水量（g）	单体积含水量（g/cm³）	体积（cm³）	重量（g）		含水量（g）	单体积含水量（g/cm³）	
		湿重	干重				湿重	干重			
001	1060	930	529.2	400.8	0.378	540	500	267.8	232.2	0.43	1.07
002	1370	1365	772.1	592.9	0.433	540	595	322.1	272.9	0.505	1.17
003	1170	1036	589.1	446.9	0.382	610	580	291.5	288.5	0.473	1.24
004	1560	1290	680.0	610.0	0.391	720	686	336.1	349.9	0.486	1.24
005	1430	1310	715.1	594.9	0.416	691	683	·343.1	339.9	0.492	1.18

附表 7.2　10 年树龄各样品体积与重量调查统计表

编号	Y10主干					Y10分枝					K 值
	体积（cm³）	重量（g）		含水量（g）	单体积含水量（g/cm³）	体积（cm³）	重量（g）		含水量（g）	单体积含水量（g/cm³）	
		湿重	干重				湿重	干重			
001	2560	2230	1328.9	901.1	0.352	1402	1310	885.2	424.8	0.303	0.86
002	2650	2300	1324.8	975.2	0.368	1620	1580	1051.9	528.1	0.326	0.89
003	2480	2108	1279.7	828.3	0.334	1530	1460	1004.1	455.9	0.298	0.89
004	2700	2306	1344.8	961.2	0.356	1360	1310	881.6	428.4	0.315	0.88
005	2530	2236	1325.2	910.8	0.360	1410	1370	913.2	456.8	0.324	0.90

F7.4　样品含水量计算方法

(1)测量样品的体积、湿重量、干重量。

干重样品的获取方法，是将测量好的样品，进行烘干，然后测量烘干后的样品重量。

(2)含水量计算。

样品的含水量 m_{ZG}（分枝的含水量为 m_{FZ}）为：

$$m = m_湿 - m_干 \tag{F7.1}$$

式中：m_{ZG} 为样品含水量（g）；

$m_湿$ 为新鲜样品的重量（g）；

$m_干$ 为烘干后样品的重量（g）。

(3)树木树干单位体积含水量。

单位体积的含水量 $D_{主干}$ 为：

$$D_{树干} = \frac{m_{ZG}}{V_{主干}} \tag{F7.2}$$

式中：$D_{树干}$ 为树干样品单位体积含水量（g/m³）；

$V_{主干}$ 为树干样品的体积（cm³）。

同一树木分枝样品单位体积含水量 $D_{分枝}$ 为：

$$D_{分枝} = \frac{m_{FZ}}{V_{分枝}} \tag{F7.3}$$

式中：$D_{分枝}$ 为分枝样品单位体积含水量（g/cm³）；

　　　$V_{分枝}$ 为分枝样品的体积（cm³）。

（4）树木单位含水量比例系数的计算方法。

树木单位含水量比例系数 K 为分枝单位体积的含水量除以树干单位体积含水量。即：

$$K = \frac{D_{分枝}}{D_{主干}} \qquad (F7.4)$$

式中：K 为树木单位体积含水量比例系数；

　　　$D_{分枝}$ 为树木分枝单位体积含水量（g/cm³）；

　　　$D_{主干}$ 为树木主干单位体积含水量（g/cm³）。

附表 7.3 为 5 年龄、10 年龄杨树平均含水量比例系数

附表 7.3　5 年龄、10 年龄杨树平均含水量比例系数

树木品种	5 年龄杨树	10 年龄杨树
K 值	1.18	0.89

附录8　雷击点的确定方法

F8.1　闪电监测数据与实际雷击点的关系

目前,我国气象部门的闪电监测系统采用多站定位法对雷电闪击点实施定位,但是由于定位系统的精度原因,造成实际闪击点与闪电定位仪监测闪击点(以下称监测闪击点)之间存在一定的距离误差,如目前普遍使用的 ADTD 雷电探测仪,其网内精度误差为 300 m,但是多年监测表明,实际闪击点与监测闪击点之间的距离存在 1 km 以内的误差。

在确定雷电实际闪击点时,应考虑闪电监测系统的定位误差,假如在实际闪击点周边半径 1 km 的范围内无其他雷击时,实际闪击点与雷电监测闪击点吻合确定比较简单,但是当实际闪击点半径 1 km 的范围内,闪电监测系统出现多次闪击时,确定造成实际闪击的监测闪击点难度就显得较大。

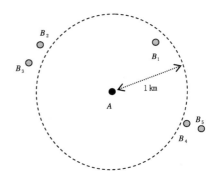

附图 8.1　实际闪击点与雷电监测闪击点关系图

F8.1.1　闪击密度较小且间距较大时,实际闪击点与监测闪击点吻合确定方法

当监测闪击点的密度稀疏,同时间距较大时,实际闪击点与监测闪击点的吻合方法可采用间距法予以确定。假定实际闪击点 A(如附图 F8.1)的经纬度为 $(X_1、Y_1)$,监测闪击点 B 点的经纬度为 $(X_2、Y_2)$,其中 X_1、X_2 为经度,Y_1、Y_2 为纬度,则其间距 d 为:

$$d = R \cdot \arccos[\cos(Y_1) \cdot \cos(Y_2) \cdot \cos(X_1 - X_2) + \sin(Y_1) \cdot \sin(Y_2)] \quad (F8.1)$$

式中:R 为地球半径,$R = 6371.0$ km。

对实际闪击点周边的监测闪击点利用排他法进行选取,删除间距大于 1 km 的闪击点,剩余监测闪击点即为雷电闪击点。当采用 ADTD 探测仪实施监测时,可将筛选间距标准降低到 300 m。

F8.1.2　闪击密度较大时,实际闪击点的确定方法

(1)确定实际闪击点 A(附图 8.2)周边

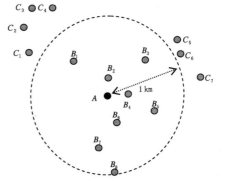

附图 8.2　实际闪击点与雷电监测闪击多点关系图

半径 1 km 范围内的监测闪击点

利用式(F8.1)计算实际闪击点与监测闪击点间的距离,保留间距小于 1 km 的监测闪击点。如图 F8.2 中,经计算保留 $B_1 \sim B_8$,删除超过 1 km 的 $C_1 \sim C_7$。

(2)分析事故情况,确定造成危害的最小雷电流

对雷击事故进行综合分析,根据雷电泄流通道与受损设备的耐冲击电压能力,结合损坏设备的雷电流、泄流通道的雷电流、闪击点的雷电流等几方面的基本情况,从而确定造成设备损坏时实际闪击点的最小雷电流。

如 2011 年 8 月 12 日,山东某地野外务工的农民,恰遇雷雨天气,他在接触附近铁塔的瞬间造成雷击死亡。

经现场调查,该铁塔高 30 m、受害人体高 1.75 m、该铁塔的冲击电阻为 5 Ω、铁塔的电感系数为 1.5 μH/m、假定人体手臂的接触高度为 1.6 m、人体的电阻为 2000 Ω、人体死亡的临界雷电流为 180A。造成人体死亡的电压 $U_{人体}$ 为:

$$U_{人体} = iR = 2000 \times 180 = 360000 \text{ V} \qquad (F8.2)$$

而 $U_{人体} = U_{1.6}$

则 $U_{1.6} = iR + Lh \dfrac{\mathrm{d}i}{\mathrm{d}t}$,因 $\dfrac{\mathrm{d}i}{\mathrm{d}t} = \dfrac{200}{10} = 20$

所以 $i = (U_{1.6} - Lh \dfrac{\mathrm{d}i}{\mathrm{d}t})/R = (360 - 1.5 \times 1.6 \times 20)/5 = 12.48 (\text{kA})$

由此推断,造成此次雷击事故时,闪击该铁塔的最小雷电流为 12.48 kA。

将此雷电流作为该事故的最小雷电流来筛选监测闪击点的雷电流,自(1)款保留的监测闪击点数据中,选取雷电流强度大于最小雷电流的监测闪击点。

(3)根据危害时间,通过综合分析,确定监测闪击点

对(2)款筛选后的监测闪击点再进行时间筛选,选择与实际闪击受害时间接近的监测闪击点。当受损设备具有时间监控设备时,在确定设备受损的时间精度时,应尽量接近闪电定位仪监测精度。

当经过"距离、最小雷电流、时间"各项指标进行筛选,剩余闪电定位仪监测点仅为一点时,可确定该监测点为实际闪击点,其雷电流强度为实际闪击雷电流。

经过筛选,当有多个监测闪击点符合要求时,无法确定其中某个监测闪击点与实际闪击点的关系,因此,在确定闪击点雷电流强度时,可确定危害雷电流为一区域值,其下限为不小于最小雷电流。

F8.2 常规雷击点的确定方法

F8.2.1 根据雷电闪击选择性确定雷击点的概率位置

从地理位置分析雷电闪击具有其选择性,从建筑物的形状特点分析,雷电闪击也存在选择性,而从金属构件的形状特点分析,不同形状的金属构件的雷击概率也不同,在雷云形成时,受感应地面金属构件凸起、转弯处的电子相对其他位置聚集较多,因此该位置具有先导性,根据上述雷电闪击的选择性特点,对雷电易雷击点进行分析确定。

（1）同一环境中不同建（构）筑物的雷击概率

在同一环境中，当土壤电阻率差别较小，地形基本一致时，金属物体与非金属物体相比，金属物体雷击概率较大；建筑物与构筑物相比，构筑物雷击概率较大。

（2）建（构）筑物不同位置的雷击概率

建筑物为平房时，平房顶或坡度不大于 1/10 的屋面、檐角、女儿墙易受雷击；坡度大于 1/10 小于 1/2 的屋面则屋角、屋脊、檐角、屋檐易受雷击；坡度不小于 1/2 的屋面则屋角、屋脊、檐角易受雷击。

建筑物为楼房时，楼房的楼角易遭受雷击。

另外，附设在建（构）筑物顶部的放散管、风管、广告牌、太阳能等高于建（构）筑物的凸起物体易遭受雷击。

F8.2.2　根据金属导体的熔点不同确定雷击点电流吻合情况

雷电流通过金属导体时将会导致金属导体急剧升温，当电流高达一定程度时就会导致金属导体熔化，由于不同的金属导体的熔点不同，因此，电流流经低熔点的金属导体时出现熔化现象，而高熔点的金属导体则会保持原状，利用金属导体的熔点不同这一特点，对出现熔化的金属导体的最低载流量可以估算，然后再根据分流情况，估算流经雷击点处的最小雷电流，将该电流与闪电定位仪检测数据比较，基本相近时，可以确定该处有雷电流闪击。

雷击点的确定首先应有雷电闪击存在，当通过闪电定位系统确定该位置发生云地闪电时，根据闪电闪击选择性特点，在闪电定位仪所示的经纬度 1 km 的半径范围内检查疑似雷击点，并对该疑似雷击点进行熔点电流吻合计算，当该处电流与闪电定位仪数据电流基本吻合时，再进行熔痕金相综合分析并确定熔痕为闪电所为，从而确定该点为雷击点。

F8.3　非正常雷击点的确定方法

当闪电雷击到建筑物的尖部或者铁塔的接闪杆时，鉴定人员不能接触该处的雷击点，无法进行常规鉴定，此时可采用剩磁分析法对周边金属构件进行剩磁分析，同时结合闪电定位系统的云地闪电数据来确定闪电的雷击点。

接闪金属构件泄流时在其周围产生电磁场，并随距离加大逐渐减小，因此，在泄流通道附近的金属构件的剩磁量较大，随距离加大而剩磁量减小，较近距离的金属构件剩磁量较泄流通道大，根据这一特点可以确定泄流通道与雷击点。

附录9　几何耦合系数计算方法

　　假定线路是无损耗的，导线中波的运动可以近似看成是平面电磁波的传播。因此，可利用麦克斯韦静电方程计算求得(周洁,2001)。

　　设有与地面平行的几根平行导线系统，则 n 根导线中，导线 k 的电位 U_k 可麦克斯韦静电方程表示为：

$$U_k = a_{k1}Q_1 + a_{k2}Q_2 + \cdots + a_{kn}Q_n \tag{F9.1}$$

式中：U_k 为导线 k 的电位(V)；

　　$a_{k1}, \cdots, a_{kn}$ 为单位长度导线 k 与导线 $1, 2, \cdots, n$ 间的互电位系数；

　　$Q_1, Q_2, \cdots, Q_n$ 为导线 $1, 2, \cdots, n$ 单位长度上的电荷。

　　将 a_{kk} 与 a_{kn} 用镜像法计算求得：

$$a_{kk} = \frac{1}{2\pi\varepsilon_0\varepsilon_r}\ln\frac{2h_k}{r_k} \tag{F9.2}$$

$$a_{kn} = \frac{1}{2\pi\varepsilon_0\varepsilon_r}\ln\frac{D_{kn}}{d_{kn}} \tag{F9.3}$$

式中：r_k 为导线 k 的半径(m)；

　　h_k 为导线 k 的平均高度(m)；

　　d_{kn} 为导线 n 与导线 k 的间距(m)；

　　D_{kn} 为导线 n 与导线 k 的镜像 k' 的间距(m)；

　　ε_0 为空气的介电常数；

　　ε_r 为导线所在介质的相对介电常数，$\varepsilon_r = 1$。

　　在式(F9.1)的右侧乘以 $\dfrac{v}{v}$（v 为波速)，并以 $i = Qv$ 代入，则：

$$U_k = z_{k1}i_1 + z_{k2}i_2 + \cdots + z_{kk}i_k + \cdots + z_{kn}i_n \tag{F9.4}$$

式中：z_{kk} 为导线 k 的自波阻抗(Ω)；

　　z_{kn} 为导线 k 与导线 n 间的互波阻抗(Ω)。

　　z_{kk} 与 z_{kn} 可按下式计算求得。

$$z_{kk} = \frac{a_{kk}}{v} = \frac{1}{2\pi}\sqrt{\frac{\mu_0}{\varepsilon_0}}\ln\frac{2h_k}{r_k} = 60\ln\frac{2h_k}{r_k} \tag{F9.5}$$

$$z_{kn} = \frac{a_{kn}}{v} = \frac{1}{2\pi}\sqrt{\frac{\mu_0}{\varepsilon_0}}\ln\frac{D_{kn}}{d_{kn}} = 60\ln\frac{D_{kn}}{d_{kn}} \tag{F9.6}$$

　　假设有一根接闪线(1)及一根导线(2)，根据式(F9.4)可求得：

$$u_1 = z_{11}i_1 + z_{12}i_2$$
$$u_2 = z_{21}i_1 + z_{22}i_2$$

　　由于导线(2)对地绝缘，故 $i_2 = 0$，于是可求得接闪线与导线间的几何耦合系数 k_0 为：

$$k_0 = \frac{u_2}{u_1} = \frac{z_{21}}{z_{11}} = \frac{\ln \dfrac{D_{12}}{d_{12}}}{\ln \dfrac{2h_1}{r_1}} \tag{F9.7}$$

式中：r_1 为接闪线的半径(m)；

h_1 为接闪线的平均高度(m)；

d_{12} 为接闪线与导线的间距(m)；

D_{12} 为接闪线与导线镜像的间距(m)。

假设有 $n-1$ 根接闪线，其对导线 n 的几何耦合系数可按下式计算。

$$k_{0[1,2,3,\cdots,(n-1)]} = (-1)^n \frac{\begin{vmatrix} 1. & z_{11}. & z_{12} & \cdots & z_{1(n-1)} \\ 1. & z_{12}. & z_{22} & \cdots & z_{2(n-1)} \\ \cdots \\ 0. & z_{1n}. & z_{2n} & \cdots & z_{(n-1)n} \end{vmatrix}}{\begin{vmatrix} \cdots & z_{11}. & z_{12} & \cdots & z_{1(n-1)} \\ \cdots & z_{12}. & z_{22} & \cdots & z_{2(n-1)} \\ \cdots \\ & z_{1(n-1)}. & z_{2(n-1)} & \cdots & z_{(n-1)(n-1)} \end{vmatrix}} \tag{F9.8}$$

经计算，附表 9.1 列出了几种常见典型线路的几何耦合系数。

附表 9.1　常见几种典型线路的几何耦合系数表

额定电压(kV)	线路形式	几何耦合系数(k_0)
35	无接闪线,消弧线圈接地或不接地	$k_{0(1-2)} = 0.238$
110	单接闪线	$k_{0(1-2)} = 0.114$
	单接闪线、单耦合线	$k_{0(1,2-3)} = 0.275$
	双接闪线、双耦合线	$k_{0(1,2,3,4-5)} = 0.438$
220	单接闪线	$k_{0(1-2)} = 0.103$
	双接闪线	$k_{0(1,2-3)} = 0.237$
500	双接闪线	$k_{0(1,2-3)} = 0.20$
	双接闪线、双回路塔	$k_{0(1,2-3)} = 0.124$

参考文献

Peter Hasse 著. 傅正财,叶蜚誉译. 2005. 低压系统防雷保护(第二版). 北京:中国电力出版社.
陈渭民. 2006. 雷电学原理(第二版). 北京:气象出版社.
冯海龙. 2010. 爆炸冲击波的简化计算方法概述. 山西:山西建筑,(7).
李家启,等. 2007. 开县"5·23"重大雷电灾害事故分析. 北京. 气象科技,(Z1).
林建民,等. 2004. 雷击事故鉴定因素探析. 北京:中国雷电与防护,(3).
林建民,等. 2006. 农气自动站雷击分析与防雷方案设计. 合肥:现代农业科技,(10).
林建民. 2004. "9·27"雷击事故调查与球闪分析. 山东:山东气象,(2).
欧清礼. 1997. 消雷器与黄岛油库雷击火灾事故. 电网技术,(7).
苏邦礼,崔秉球,吴望平,等. 1996. 雷电与避雷工程. 广州:中山大学出版社,26-28,29-41.
邬铭法,林建民,孙相海. 2003. 莒县涤纶厂加油站雷击事故调查分析. 山东:山东气象,(4).
肖稳安,张小青. 2006. 雷电与防护技术基础. 北京:气象出版社.
肖稳安. 2009. 雷电和防护及防雷工程管理. 北京:气象出版社.
姚学祥. 2011. 天气预报技术与方法. 北京. 气象出版社.
弋东方,钟大文. 1989. 电力工程电气设计手册. 北京:中国电力出版社.
易笑园,等. 2010. 长生命史冷涡背景下持续强对流天气的环境条件,北京:气象,**38**(1).
张殿生. 2002. 电力工程高压送电线路设计手册(第二版). 北京:中国电力出版社.
张志江,等. 2009. 爆炸物冲击波的人体防护研究. 北京:中国个体防护装备,(1).
周洁,余虹云. 2007. 高电压技术. 浙江:浙江大学出版社.
周南,田宙. 1995. 爆炸冲击波参数计算的普适公式. 北京:兵工学报,(3).

云空闪电

云地闪电

图 1.9　闪电闪击瞬间

图 2.1　黄岛油库雷击事故火灾现场

图 2.2　纸业公司重油罐雷击火灾现场

图 2.8　大树遭雷击现场

图 5.1　过电压击穿电机痕迹

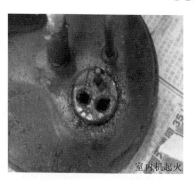 

图 5.2　空调机雷电起火

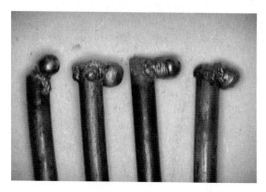 

图 5.4(a)　单股连接导线连接点短路熔痕特点　　图 5.4(b)　绝缘导线短路熔痕特点

图 5.4(c)　单股连接导线短路熔痕特点　　图 5.4(d)　多股连接导线短路熔痕特点

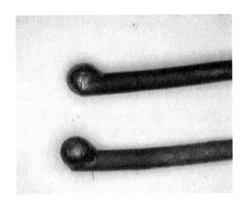 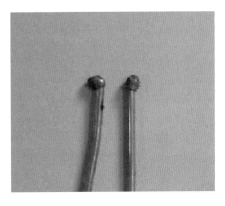

图 5.4(e)　铜导线熔珠特点　　　　　图 5.4(f)　铝导线熔珠特点

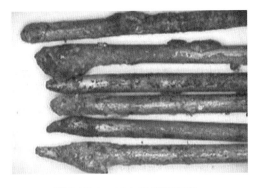 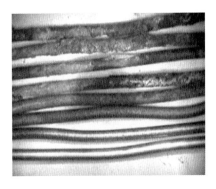

图 5.5(a)　过电流熔断痕迹　　　　图 5.5(b)　不同强度过电流铜线痕迹

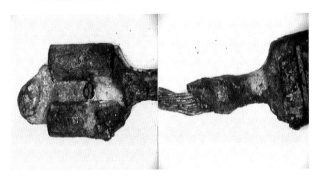

图 5.6　连接插件接触不良的表现特点

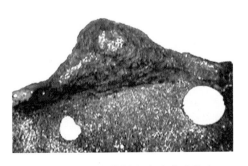

图 5.7　金属构件漏电痕迹表现特点

图 5.8（a） 接插件局部过热的痕迹表现特点   图 5.8（b） 线圈局部过热的痕迹表现特点

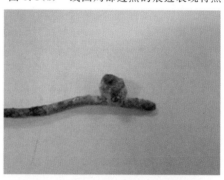

图 5.9（a） 铝导线火烧痕迹的表现特点   图 5.9（b） 单股铜导线火烧痕迹表现特点

图 5.10 热腐蚀痕迹表现特点

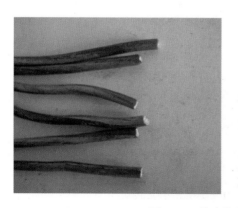
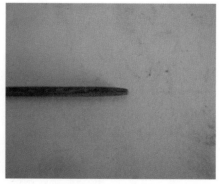

图 5.11 外力作用痕迹表现特点

图 5.12 莒县"4·7"雷击事故高压线雷击点

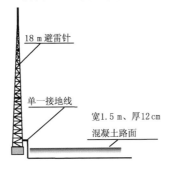

图 5.14(a) 避雷设施设置方式示意图

图 5.14(b) 接地线位置

图 5.14(c) 接地体上面的路面破坏情况

图 5.15(a) 主杆受雷击树木

图 5.15(b) 表层受损树木

图 5.15(c) 周边皆受损坏的树木　　　　图 5.15(d)　雷击烧坏的树木

图 5.16　树木遭受风力损坏

图 5.17　雷击后纤维表象

图 6.1　某变电所配电柜、计量器雷击现场

图 12.1　英国苏菲雷击痕迹与衣物照片

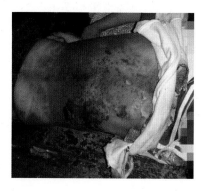
图 12.3（a） 雷电闪击人体的皮肤伤痕

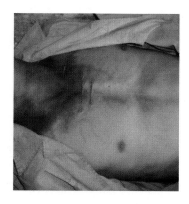
图 12.3（b） 人体遭受雷击时的皮色变化情况

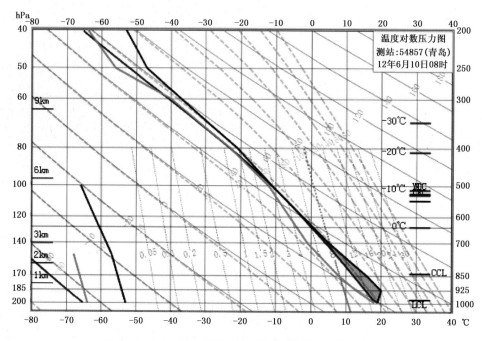
图 14.5　2012 年 6 月 10 日早 8 时青岛温度对数压力图